"十二五"国家图书出版规划项目
湖南省教育厅资助科研项目（16K031）

天然电场选频法理论研究与应用

杨天春　夏代林　王齐仁　付国红　著

中南大学出版社
www.csupress.com.cn

内容简介

Introduction

天然电场选频法(简称选频法)是以天然电磁场为工作场源,以地下岩矿石电性差异为基础,通过测量天然电磁场在地表产生的电场水平分量,来研究地下地电断面的电性变化,解决有关水文地质、工程地质问题的一种交流电勘探方法。自20世纪80年代以来,该方法在地下水资源勘探、矿山水害调查、岩土工程勘察等方面取得了较好的地质效果。本书在前人研究成果及作者多年实践的基础上,根据天然电磁场在大地中的传播规律,在理论上对该方法开展了相关研究工作。包括:对天然场场源特性进行分析,并对天然交变电磁场日变规律开展试验观测;从麦克斯韦方程组出发,对地下交变电磁场中的简单规则地质体的电场分布进行理论推导,求解模型的解析解并开展模拟计算,从而研究天然电场选频法异常的形成机理;在已知的地质模型上开展试验性实测工作,研究天然交变电场的动态特征;在地下饮用水勘探、煤矿老窑水探测以及岩土注浆堵水工程中开展大量的应用研究工作,并将实测结果与理论模拟计算结果进行对比分析,归纳并解释异常的形成原因,为今后天然电场选频法的反演研究和实践应用提供科学指导。

本书数据翔实、内容丰富,可供地球物理、水文地质、工程地质等专业领域的科技人员、高等院校相关专业师生以及从事工程勘察、地下水勘查的现场人员参考。

作者简介

About the Author

　　杨天春，汉族，1968年3月出生于湖南省津市市，中共党员，教授，博士后；主要从事勘探地球物理、工程物探、土木工程方面的教学和科研工作；在瑞利面波、电磁波、工程检测等理论和应用方面有深入的研究。

　　1991年毕业于桂林冶金地质学院勘探地球物理专业，获工学学士学位；1991年7月—1998年8月于湖南有色地质勘查局二四七队从事有色金属资源勘探工作，主持和参与国家重点成矿区带湘南、湘东北和粤北地区的电法、高精度磁测和重力测量等勘探项目；1998年9月—2004年5月就读于中南大学，先后获得地球探测与信息技术专业的工学硕士学位和博士学位；2004年5月—2006年3月于湖南大学土木工程博士后流动站从事博士后研究工作；2006年3月至今于湖南科技大学地质系从事教学和科研工作。现为湖南省地球物理学会常务理事，硕士生导师。

　　主持和参与国家自然科学基金、湖南省自然科学基金、湖南省科技计划项目、湖南省教育厅优秀青年基金、湖南省高校创新平台开放基金项目等纵向科研项目十余项，主持重大横向科研项目十余项。科技成果方面曾获湖南省自然科学三等奖1项，已获授权国家发明专利1项、实用新型专利2项。先后在《煤炭学报》《振动工程学报》《应用力学学报》《中南大学学报(自然科学版)》《湖南大学学报(自然科学版)》《岩土力学》《水文地质工程地质》《计算物理》等国内外期刊上以第一作者发表论文60余篇，其中SCI、EI收录11篇；出版专著《层状介质中瑞利波频散特性》1部。

序 / Introduction

　　我国改革开放以来，经济建设速度突飞猛进，我国的地球物理勘探事业也得到了快速的发展。随着物探技术在资源勘查、工程探测等领域的应用范围日益扩大，我国地球物理勘探工作的规模、水平都赶上了世界前列。在广大物探工作者坚持不懈的努力下，方法理论研究、探测设备研制都取得了许多创新性的成果，并在实践应用中取得了良好的效果。由于电法勘探适应性强，其发展更为迅速。

　　苏联的 A. THXOHOB(1950)和法国的 Carniard(1953)分别独立地提出了大地电磁法(MT)理论。由于该方法利用天然场源，探测深度大属于天然电磁法，它采用平面波理论，具有阻抗形式简洁、解释简单和探测深度大等一系列特点，在地球深部构造和油气探测方面具有独特的优势，这使得它一直得到广泛的应用，而且已经发展得非常成熟。然而，随着我国基础建设的进一步加大、人们生活水平的逐步提高，城市化进程的加快，浅部地质灾害勘查、地下水资源勘探和岩土工程勘察等问题为地球物理方法的应用提供了更广阔的舞台。因此，国民经济建设的需求和科学技术的进步刺激和促进了天然电磁法的进一步发展。

　　天然电场选频法是由音频大地电磁法(AMT)演化而来的，工作频率为 15 Hz 至 1.5 kHz，是我国学者于 20 世纪 80 年代提出的。由于天然电磁法的场源十分复杂，学者们一直更多地注重天然电场选频法仪器的研制和实践应用，对该方法相关理论研究的文献甚少。本书详细、全面地介绍了天然电场选频法的基础理论和实践应用，并对该方法的起源和发展概况作了较详细的阐述，进行了从理论到实践的总结，将给从事天然电场选频法的工作者提供参考，并一起推动该方法的进一步应用和发展。

　　对于现代科学技术而言，我认为一本好的专著必定是理论与实践的紧密结合。本书作者在多年来大量实践的基础上，探索地球物理科学问题，开展选频正演理论推导以及野外试验和仪器研制工作，从理论探究天然电场选频异常的形成原因，探讨选频法的场源问题，采用天然电场选频仪开展日变观测试验，总结了日变场的变化规律，理论与试验成果对今后的实践工作具有指导作用。从实践中来，到实践中去！本书是天然电场选频法的第一部系统性专著，其研究成果必将为后续科研工作者在继续探索中提供重要的参考。

目前，地球物理勘探的各种技术方法都发展很快，服务的领域也非常广泛。我相信本书对国内外的同行一定会有一些助益，同时我希望年轻的地球物理学后辈们更加广泛地参与到工程实践中，加强理论研究，站在地球物理学术前沿阵地，多出高水平的成果，为我国地球物理勘探事业的发展作出更多更大的贡献。

何继善

2016 年 9 月 28 日

前言 / Foreword

　　天然电场选频法(简称选频法)是以天然电磁场为工作场源，以地下岩矿石电性差异为基础，通过测量大地电磁场在地表产生的电场水平分量，来研究地下地电断面的电性变化，解决水文地质工程地质问题的一种交流电勘探方法。自 20 世纪 80 年代以来，该方法在地下水资源勘探、矿山水害调查、岩土工程勘察等方面取得了较好的地质效果。一直以来人们对该方法的研究主要集中于仪器研制和实践应用，缺乏系统的理论研究，目前反演解释主要是凭借实践经验作定性解释，缺少合理有效的定量计算和解释方法。因此，作者结合自己近几年的科研实践和理论研究成果，对该方法进行总结归纳。编写本书是为了进一步推动天然电场选频法的应用与发展，书中论述的绝大部分内容均是近年来作者的最新研究成果，供读者参考。

　　相对于常规电法而言，天然电场选频法仪器轻便，工作效率高，特别适用于地形复杂、植被发育的山区或建筑密布的城镇开展水文地质工作。同时，探测成果直观，特别是地下含水体的低电位异常明显，解释成果准确可靠，目前在南方浅部地下水勘探的成功率可达 70% 以上，在今后的工程地质勘察和地下水灾害勘查方面也具有很好的推广应用价值。正演理论是反演工作的理论基础，只有将方法的异常成因机理弄清楚后，才能开展正确的反演研究工作。本书在实践应用成果的基础上进一步开展理论研究工作，从理论上说明实测异常的成因机理；同时，将该方法推广应用于煤矿老窑水勘探、岩土的注浆堵水工程勘察中，实践与理论研究成果均具有重大的理论和现实意义。

　　本书以地下异常体与围岩的导电、导磁性差异为基础，根据天然电磁场在大地中的传播规律，研究天然电场选频法实测异常的形成机理。对于规则形状的低阻或高阻地质目标体，推导其在天然电磁场作用下地表天然电场的理论计算式，再通过计算机模拟计算，获得各种简单规则形状、不同电磁场源作用下的理论异常曲线，由此分析实测异常曲线的成因；同时，研究目标体埋深、形态、大小等参数与天然电场选频法异常曲线的关系。通过对三维天然电磁场中低阻导电导磁球体的研究可知，尽管天然电场选频法与大家熟知的大地电磁法（MT）在场源上有很大的相似性，但天然电场选频法的异常主要是由自然因素、人文因素所产生的"天然"水平交变磁场和水平交变电场共同作用的结果。在理论研究的基础上，作者进一步开展野外现场模拟试验和应用研究工作，研究选频法异常的动态和静态响应特征，探讨天然电场选频测深法的应用效果。使用天然电场选频仪开展了天然交变电磁场的日变规律观测，总结了日变场的变化规律，为野外实测工作提供指导；将实测记录的处理结果与理论模拟计算结果进行对比分析，验证理论研究成果的正确性。

本书的研究内容和出版得到了湖南省教育厅高校创新平台开放基金项目"基于浅层复杂介质的天然电场选频法正演模拟与应用研究"（16K031）和湖南省自然科学基金"天然电场选频法探测地下水的机理与应用研究"（12JJ3035）、"基于天然电磁场动态信息的地下水探测方法研究"（06JJ2077）等项目的资助。此外，本书的出版也得到武汉天宸伟业物探科技有限公司的大力赞助，在此致以衷心的感谢！

本书的总体框架、研究思路和撰写主要由杨天春完成，其中7.2节由王齐仁撰写；夏代林、付国红研制了TS－DT01型智能天然电场分析议和MFE－1型天然电场选频仪，并参与了野外试验工作和7.3节、7.4节的撰写工作；7.5节选频测深法的原始资料主要由广西有色地质勘查局二七三队的梁竞高级工程师提供，由杨天春撰写；本书全文最终由王齐仁进行校核。另外，本书中的一些研究成果也有研究生团队的贡献，李好、冯建新、王士党、夏祥青、张辉、张启、许德根、张正发、杜良、邓国文、唐志成、化得钧、朱云峰、吴秋霜等人在攻读硕士学位期间，参与了实践应用、野外试验或理论研究工作。

本书的研究工作及编写得到了湖南科技大学社会科学处、科技处和湖南科技大学资源环境与安全工程学院、土木工程学院，以及湖南省高校土木工程施工过程与质量安全控制重点实验室、岩土工程稳定控制与健康监测湖南省重点实验室、页岩气资源利用湖南省重点实验室的支持。研究工作还得到了湖南省化工地质勘查院鲍力知教授、广西有色地质勘查局二七三队梁竞高级工程师等专家的帮助和指导。在此作者对上述单位及专家表示衷心的感谢！

　　由于作者水平有限，书中难免有欠妥之处，热忱地希望广大读者批评指正。

杨天春

2016 年 9 月

目录 / Contents

第1章 绪 论

天然电场选频法简称选频法。一般认为它与大地电磁测深法完全相同,是以大地电磁场作为工作场源,以地下岩(矿)石之间的导电性差异为基础,通过在地面上测量天然交变电磁场产生的几个不同频率的电场水平分量的变化规律,来研究地下地电断面的电性变化,达到解决地质问题的一种交流电勘探方法。该方法是由音频大地电磁法(AMT)演化而来,所采用的工作频率为 $nHz \sim 1.5 kHz$。它是由我国学者提出来的,到目前为止未见到国外相关研究文献。由于该方法的场源很复杂,所以天然电场选频法一直缺乏系统的理论研究,但与其他物探方法相比,该方法在实践应用中具有快速简便、易于操作、成果直观等优点。因此,自20世纪80年代以来,选频法在国内地下水勘探、灾害地质体勘查等方面取得了显著效果[1-3],并逐渐得到了广泛的应用和发展。

1.1 选频法的起源与方法技术

从天然电场选频法的发展历史来看,最早可追溯至20世纪40年代发展起来的大地电流法[4-5]。大地电流法主要是利用地壳中天然流动的超低频大地电流为场源,其工作频率为 $0.01 \sim 0.1 Hz$;在实际工作中,它采用 $1 \sim n km$ 的极距接收讯号,适于解决一些特大型构造问题,所以该方法当初主要运用于含油构造勘探、地震带的预测预报等[6]。

20世纪80年代,我国学者先后提出了游散电流法(或称为音频大地电位法)[7]、声频大地电场法(简称声电法)[8]、天然低频电场法(简称天电场法)[9]、天然电场选频法(简称选频法)[10]。20世纪90年代,又有少数学者在文献中提到地电选频法[11]、音频大地电场法[12]、天然交变电场法[13]等。根据这些学者所研制或使用仪器的原理、方法特点来看,这些方法实质上都是相同的。在这些方法概念中,"天然电场选频法"在实践和文献中使用频率最高。2009年黄采伦等提出了地下磁流体探测法[14-15],就该方法仪器的勘探原理而言,其实质也是天然电场选频法。

天然大地电磁场属交变电磁场,在距离场源较远的地方,可将其看作为平面电磁波,它的分布方向垂直于地面,场的变化规律服从麦克斯韦方程组。平面电磁波在均匀各向同性介质中的趋肤深度(δ)与介质电阻率(ρ)和信号频率(f)之间的关系为：

$$\delta = 503\sqrt{\frac{\rho}{f}} \qquad (1-1)$$

由上式可知，当电阻率一定时，频率越低反映的探测深度越深。因此，选择不同的接收频率即可反映不同的勘探深度；若频率为定值时，电阻率值越大，电磁波穿透深度也越大，因此在高电阻率地区能获得较大的勘探深度。

对于平面电磁波而言，如果不考虑磁场强度与电场强度之间的相位差，那么可按下式得出交流视电阻率 $\rho_S(\Omega \cdot m)$，即

$$\rho_S = \frac{1}{\omega\mu}\left|\frac{E_x}{H_y}\right|^2 \qquad (1-2)$$

由于视电阻率 ρ_S 与频率 f、电场分量 E_x 和磁场分量 H_y 有关，所以大地电磁测深法是同时观测一组正交的电场和磁场分量[16-19]；而天然电场选频法只测量水平电分量，无法计算卡尼亚电阻率，但根据式（1-2）中电分量与视电阻率的关系，用电分量的大小可定性地说明异常体的电阻率高低，定性地解释异常。也就是说，测量电场强度大小能反映地下介质的地电信息[20]。

天然电场选频法在野外实测中一般采用如下 3 种方法[21]，分别为：①平行移动法——电极 M、N 沿测线移动，MN 的中点 O 为记录点[见图 1-1(a)]；②垂直观测法——电极 M、N 两点的连线垂直于测线移动[见图 1-1(b)]；③正交观测法——就是前两种方法的组合，M、N 沿测线方向测出 $\Delta V_S^{\parallel}$，然后 MN 垂直于测线测出 $\Delta V_S^{\perp}$，最后取 $\Delta V_S^{\parallel}$ 与 $\Delta V_S^{\perp}$ 的平均值作为 MN 中点 O 的勘探结果[见图 1-1(c)]。

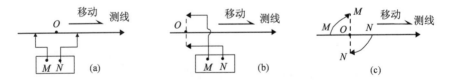

图 1-1　天然电场选频法实测方法示意图

采用何种方法和装置，要根据任务、地质条件、地形和干扰因素等实际情况来确定；但在实际工作中，大多采用与常规电法类似的平行移动法，且 MN 的距离一般取 10 m 或 20 m，点距也取 10 m 或 20 m 进行快速扫面，确定异常具体位置时再将点距加密。这样施工较方便，工作效率高，特别是在植被较发育的我国南方地区，图 1-1(b)、图 1-1(c)中的垂直观测法和正交观测法是不适用的。

图 1-1(a)的施工方法就是常规电法勘探中的剖面法。近年来，梁竟等人在实践应用中，开展了天然电场选频法测深装置研究，具体做法类似于电阻率法测深，

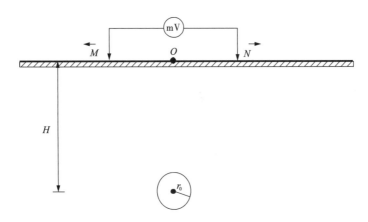

图 1 - 2 天然电场选频法测深装置示意图

以已测剖面定出的物探异常点 O 为中心，电极 M、N 同步地分别向外跑极（点距常取 5 m，特殊情况下采用 1 m），通过 MN 极距的逐渐增大，从而达到增大勘探深度的目的，见图 1 - 2 所示。通过对广西壮族自治区武宣县、平乐县、恭城县、藤县、容县等地 100 多口钻井资料的对比分析，发现当勘探深度在 150 m 之内时，天然电场选频法的极距 MN 大小与勘探深度 H 之间有一个经验性的对应关系，即 MN/H≈1。也就是说，当 MN = 50 m 时，天然电场选频法所测电位差即代表 O 点以下 50 m 深度处的地质情况。梁竞等认为，该结论不仅可应用于岩溶地区的灰岩地层，而且在巨厚的纯炭质岩、泥质粉砂岩等岩性地层中也符合此规律[22]。

由此可见，天然电场选频法与大地电磁法之间既有相同之处，又有区别。在原理上两者是相同的，但在采集数据方法、探测过程、探测结果的可靠性上是不同的。天然电场选频法是靠硬件设置不同频率的测量通道、选定有限固定的探测频率，来实现对地下深度层的具有相应频率的电性数据进行采集的；大地电磁法是通过探测仪的 CPU 控制，一次性由高频到低频、由浅入深地采集地下各深度层的电性数据的，根据处理方法不同，可以获取成千上万个频率对应深度的电性数据。

1.2 选频法的应用发展概况

天然电场选频法的应用研究主要体现在两个方面，即仪器装置的研制与野外生产实践。

20 世纪 80 年代初，我国科技工作者梁柄和首次通过观测大地中游散电流的分布特征来探测岩溶地下水[7]。在梁柄和的研究成果基础上，杨杰于 1982 年提出了"游散电流法"的概念，并指出了该方法与 M. H. 别尔季契夫斯基所提出的"大地电流法"的区别：①大地电流法主要是以地壳中天然流动的超低频大地电流为场源，其频率为 0.01 ~ 0.1 Hz；游散大地电流法是利用地壳中天然流动的音频电流为场源，其频率一般为 20 Hz ~ 2 kHz，主要成分为 50 Hz 工业游散电流；②超低频天然大地电流的信号强度很弱，平均为 0.5 ~ 1 mV/km，所以在实际工作中一般采用 $1 ~ n$ km 的极距接收信号，只适合于解决一些特大型构造问题；相对于大地电流法所观测的超低频天然大地电流而言，地壳中音频游散大地电流的强度却大得多，只需 20 m 的极距即可观测到 0.5 ~ 10 mV 的较稳定信号。杨杰等用其单位自制的 JDD 音频大地电位计在已知岩溶区开展实验探测，对游散电流法的干扰因素进行了总结归纳，同时从地下稳定电流场的电位分布规律出发，探讨了游散电流场中球形地质体存在下的电位分布，以此来说明野外异常的成因[7]。

1982 年，信永水、张钦朋等提出"声频大地电场法"的概念，简称"声电法"（用"CD"表示），该方法是利用频率 0.01 Hz ~ 30 kHz（即亚声频到声频）的天然大地电场为场源，并认为场源为工业游散电流、雷雨放电、无线电台发射信号、宇宙射线以及地磁场的微变等诸多因素组成的在自然条件下存在的电源。他们利用该方法勘察瀑河水库渗漏通道[23]、寻找地下水[24]，并对声频大地电场法异常特征展开了初步探讨[8]。山东省泰安地区水利局自 1980 年起就开始推广应用声频大地电场法找水，成井率不断提高，在平原地区提高了 5%，山区提高了 15% ~ 20%[24]。1982 年《水文地质工程地质》第 5 期中报道：地质部于 1981 年 11 月召开了声频大地电场法技术评议会，指出该方法适合在山区和浅覆盖层地区进行地质填图、探测研究基岩裂隙和储水构造；并采用曲线图的形式说明了采用 SDD-1 声频大地电场仪在北戴河"地疗"区的找水效果。

1983 年，乔夫、邓培元等采用 SDD-1 声频大地电场仪在岩溶地下水、基岩裂隙水探测方面取得了较好的效果[25-26]。同时，他们认为声频大地电场法具有仪器设备轻便、操作简单、测量迅速、资料解释直观、受地形限制性较小等优点，适合在水文地质勘探中应用。

1983 年，林君琴、雷长声、董启山等人提出了"天然低频电场法"，将其简称为"天电场法"[9]。他们指出：该方法类似于音频大地电流法[27]，所不同的是采用的工作频率为 nHz ~ 2 kHz，野外工作中只测量单方向的大地电场的水平分量，在场源上除了利用因天然电磁场变化而在大地中感应的大地电流场之外，还利用了工业游散电流场。他们研制了 DCR-A 型天然场电测仪，观测天然电场随时间的变化规律，并在赣西北地质大队、安徽冶金 803 队、山东物探队、广东省 719 队、地质部第一物探大队试验队、地科院岩溶地质研究所等单位协助下，在安徽铜陵新桥硫铁矿、广东肇庆兰圹矿区对多金属硫化物、地下水、岩溶和接触带勘探方面做了许多有意义的实践工作。同时，根据大地电磁场的传播规律，从麦克斯韦方程组出发，正演分析了岩脉模型上选频法异常的分布规律。

郑州地质学校的韩荣波教授等人 1981 年提出了"天然电场选频法"，并开始对该方法进行研究，研制生产了 DX-1 型天然电场选频仪，获得了 1984 年度河南省科学技术进步奖；1986 年设计制造出天然电场选频仪微机，目前 TR 系列、JK 系列的天然场选频仪已作为商用产品销售。在开展方法、仪器研究的同时，他们还进行了无数次的实践勘查工作，在找水、找矿、寻找古墓、解决工程地质问题和灾害地质问题方面有许多成功的范例[10]。

1985 年，刘国辉针对声频大地电场法实测资料中的随机干扰和天然场的波动性，提出了声电剖面曲线的圆滑和归一化两种资料处理方法，它们能突出有用异常，具有一定的实际效果[28]。

1986 年，徐润等人在讨论鲁中石灰岩地区应用综合物探找水的文章中指出：声频大地电场法接收音频电压幅值太宽，接收到的信号太多，场源不稳；当测点附近有电台、有线广播等工作时，干扰十分严重[29]。他们在实践中使用的仪器为 SDD-1 型声频仪。针对声频大地电场法受近区工业声频游散电流场干扰严重的特点，王殿广于 1986 年提出了声频大地电场的同态差比观测法，该观测法可起到化干扰因素为有利条件，提高资料准确性和可重复性的作用[30]。针对声频大地电场法在深山区场源信号弱、信号不稳定等缺点，李森林于 1988 年又提出了对声频大地找水法的一点改进[31]，就是把 220 V 50 Hz 民用交流电供入到地下，形成人为的声频交变电场，仍用声频大地仪进行观测，这样可提高信号强度，使异常更加明显和稳定。

自从韩荣波教授将选频法的仪器商用化后，该方法逐渐得到了广泛应用。1988 年，陈树华将天然电场选频法成功地应用于地下水勘探中，通过对砂岩、砂页岩、页岩区和砾岩、砂砾岩地区钻孔资料的对比分析，指出了探测频率与低阻异常体的大致对应关系：频率 272 Hz 对应深度为 20~40 m、165 Hz 对应深度为 50~100 m、113 Hz 对应深度为 100~200 m，小于 67 Hz 时反映的深度大于 200 m；同时，他还对实践中常见的干扰因素开展实际观测工作，总结了各种干扰因素（包括地形、高压线、变压器、带电水管、有声广播）的影响特征[32]。

1990 年平顶山矿务局找水课题组采用韩荣波教授的选频仪对七矿地下富水区及导水通道进行研究，解决了矿井水害问题，为七矿矿井防治水工程的布置提供了科学指导[33]。自 1987 年起，湖南省地质矿产局水文一队就应用选频法，先后在长沙、株洲、郴州为厂矿单位找水和在工程地质勘察中进行试验性工作，获得了良好的地质效果[34]。李学军在 1991 年发表的文章中提出了"地电选频法"的概念，在水文地质工程地质应用方面获得了较好的效果，他所用的仪器就是韩荣波教授研制的天然电场选频仪[11]。

1991 年，刘惠生、连克等人在长江三峡链子崖危岩体勘查中运用了声频大地电场法、综合电磁法、激电测深法等多种非常规综合地球物理探测技术，以较少的经费、较短的时间查明了长期未解决的地质问题，为危岩体防治方案的制订提供了必要的地球物理勘探资料[12, 35]；其中，声频大地电磁场法所采用的仪器为地矿部水文地质工程地质技术方法研究所研制的 YDD－A 型声频大地电场仪。

1992 年，崔武军运用天然电场选频法研究凤凰山铁矿含水层的分布范围[36]，通过与钻探资料的对比发现：在无下伏灰岩的闪长岩体地段电分量 $\triangle V$ 较低，在纯灰岩含水层中相对较高；不同探测频率反映出的测定深度不同，其变化范围对应为：323 Hz 为 0～50 m、219 Hz 为 50～100 m、131 Hz 为 100～250 m、77.4 Hz 为 250～400 m、15.5 Hz 则对应深度大于 400 m。1994 年前后，陈要志将天然电场选频法应用于湘中地区地下水源勘探、引水隧洞突水问题研究以及煤矿防治水方面取得了较好的应用效果[37]。

核工业东北地质局科技开发中心自 20 世纪 90 年代初在市场上推出了 KP 系列仪器，该方法在大同矿区取得了一定的地质效果[38]。其中 KP－1 型天然交变电场仪是专为探测各类地下洞穴研制的，它具有十个频点，可探测 0.5 Hz ～64 kHz 的天然交变电场信号，该仪器在多处的地质工程中均收到了良好的效果。如 1994 年，罗洪发等采用 KP－1 型天然交变电场仪对多处煤矿古巷道开展探测工作，实践证明该方法不仅能在地面对古巷道和老空区进行精确定位，还能对其是否充水做出可靠判定[13]。

对于大地电场的观测而言，AMT 法需观测不同频率的大地电场水平分量，以及正交的磁场分量，以便采用前面的式（1－2）计算视电阻率[39-40]。而天然电场选频法只测量大地电场水平分量，使得方法比 AMT 法更简单，仪器设备更加轻便。因此，选频法在矿井灾害、地下岩溶勘查中的应用越来越广泛[41~43]。自 20 世纪 80 年代以来，湖南科技大学（原湘潭矿业学院）的相关老师先后利用 DX－1 型天然电场选频仪、TR－2 型天然电场选频仪在地下水勘探、工程地质调查方面做过大量应用性工作[1, 2, 44-48]，对天然交变电场的动态特性进行过研究[49-50]，并研制了相应的新型设备装置。

2000 年郑州工业贸易学校（原郑州地质学校）成立了郑州星运仪器厂，专门生产和销售 TR－2 型（表头读数）、TR－3 型（数字显示）天然电场选频仪。天然电场选频法也因此进一步得到了推广和人们的认可，这主要得益于该方法在地下水勘探、水文地质和工程地质勘查方面有较好的应用效果。例如，林家辉、李水明、魏家举、孙金龙等于 2002 年利用选频法找水或勘查小窑采空区[51-53]。2003 年，原裕秀、郭元欣等用于煤矿采空区的探测[54-55]；张明锋等用于江西萍乡、九江、鹰潭、新余等地以及赞比亚九省的物探找水，确定机井井位，在灰岩、花岗岩、石英砂岩、第四系各种岩石地层中找到丰富的地下水资源，打水井 400 余口，创造了一定的经济效益和社会效益[56]。此后，杨昌武（2004）[57]、何美仙

(2005)[58]、李国忠(2006)[59]在水文地质和工程地质中成功地应用了选频法。曹英武(2006)对前人的资料进行总结,说明选频法在找水中的效果[60];并指出在城市及有供电设施的地区,选频法的场源以游散电流为主,在远离城市无供电设施的边缘地区以闪电、雷雨所产生的交变电磁场为主。

2007 年左右,湖南科技大学的黄采伦教授等人提出了"地下磁流体探测"的概念,研制出了"地下磁流体探测仪"和"便携式地下水源探测仪";在 2008 年度国家科技中小型企业技术创新基金无偿资助项目"地下磁流体探测关键技术及装置"的资助下,又研制出"UMF - Ⅱ型地下磁流体探测系统仪"。他们将选频仪进行改进,使仪器实现单点连续信号采集,再将现代信号分析处理技术应用于地下水动态信息、裂隙信息等的提取[15, 61 - 62]。2011 年,陈朝玉等根据国外对地下磁流体的研究,在室内实验模拟不同溶液以不同速度通过磁场时的电阻率变化,期望以此解释磁流体探测仪对地下水的探测原理[63 - 64]。

2008 年 9 月,中国科学院研究生院南水北调工程考古队在南水北调工程文物抢救与保护办公室的统一部署下,采用天然电场选频法等多种物探方法对申明铺遗址进行勘探,发现了战国晚期至明清时期的墓葬、陶窑、灰坑(窖穴)等各类遗迹近 50 处。

2009 年,李双虎等人撰文说明 TR - 3 型天然电场选频仪在煤矿采空区探测中的应用效果,并用大地电场岩性测深法的理论——电场、磁场的反射理论来说明天然电场选频法的测量原理[65]。

另外,陆学村(2009)、李国占(2009)、祁福利(2012)、库尔班·艾克木(2015)、马春杰(2015)等人将音频大地电场法应用于水库大坝渗漏探测或地下水勘探[66 - 70];蔡力挺(2009)、车志强(2010)、李松营(2011)、王桂(2013)、杨荣丰(2013)、李凤哲(2013)、张月(2014)、李振刚(2015)等将天然电场选频法应用于找水、地质灾害勘查[71 - 78]。2012 年,王连元通过现场试验的方法讨论了断层裂隙水的天然电场动态响应特征[79]。

2013 年—2015 年广西二七三地质队的梁竞等人在广西武宣县、平乐县、恭城县等地采用天然电场选频法实施了 130 余眼井的找水打井工作,通过用选频法对各工点采集数据的处理和分析,结合现场地质及微地貌条件,推测各工点地下水渗流的空间分布[22]。通过对选频法勘探成果与钻井资料的对比分析,总结出了有水孔的剖面曲线特征、承压水剖面曲线特征、无水孔测深曲线特征、有水孔测深曲线特征、浑水孔测深曲线特征等有益的经验性成果。同时,通过对 131 眼井的统计分析得到了极距 MN 大小与探测深度 H 之间的对应关系,一般 $MN/H \approx 1$。

随着天然电场选频法实践应用的逐渐推广,其有效性渐渐得到科技工作者们的认可,这促进了仪器的研制工作。目前,国内现有的商用选频仪主要有 DC - 2 型选频仪、TR - 2 和 TR - 3 型天然电场选频仪、AD - C 型天然电场找水仪、

JK－B型全自动天然电场选频仪、NEF600全自动天然电场VLF物探仪等，韩荣波、韩东等于2010年又研制出了高密度天然电场选频法物探测量仪。由于天然电场信号微弱，对仪器的精度要求较高，为此，湖南科技大学的付国红、王齐仁等在省自然科学基金项目"基于天然电磁场动态信息的地下水探测方法研究"（06JJ2077）的资助下，研制了MFE－1多频道地电场信号仪。程辉、白宜诚等针对野外作业特点对天然电场选频仪进行开发与设计，并在河南某铝土矿区、福建某金矿区分别进行了天然电场选频法与EH4、双频激电法的对比试验，以此验证了天然电场选频法的有效性[20]。

2016年10月，武汉天宸伟业物探科技有限公司在综合目前市场上各种不同型号商用天然电场选频仪优缺点的基础上，推陈出新，研制出了最新一代的天然电场选频仪——TS－DT01型智能天然电场分析仪（如图1－3所示）。

图1－3　TS－DT01型智能天然电场分析仪

上述科技工作者对选频法的研究和应用，大大促进了该方法的发展。作者自2000年开始接触和应用该方法，先后在湖南省冷水江市沙塘湾、波月洞、红日农家乐和湖南省炎陵、湖南省浏阳市盐井温泉、湖南省洞口县桐山乡黄湾温泉[80]、四川省观文煤矿含水岩溶通道的地下水勘查、湖南省谭家山煤矿的水文地质调查等方面取得了成功的应用，先后为私营和国营、厂矿企业、高速公路服务区等成功测定井位60余口[46, 81-86]。例如，图1－4为湖南省冷水江市波月洞公园已知充水溶洞上方的试验探测结果，试验所用的极距$MN=20$ m，点距为5 m，各频率挡的电位曲线在剖面45 m处都出现了明显的相对低电位异常，该处正好位于溶洞的正上方，这说明选频法寻找地下水是可行的。图1－5为湖南省冷水江市沙塘湾供电所地下水勘探成果，这是在前期钻探已成两口干井情况后进行的。根据现场征地范围与物探测量成果，井位定于剖面144 m处，最终在埋深85 m处钻到含水溶洞，水量约400 m³/d，解决了供电所的饮用水问题。图1－4、图1－5中各曲线旁的频率表示测量时所采用的频率挡，本书后面图中的频率挡标注也与此相同。

此外, 作者还将天然电场选频法应用于冷水江波月洞人工湖工程、湘潭宾馆扩建工程、湘潭九华工业园湘军源住宅小区、湘潭县易俗河城郊湘江国际等工地的浅部岩溶或空洞勘察中, 均取得了较好的地质效果[87]。

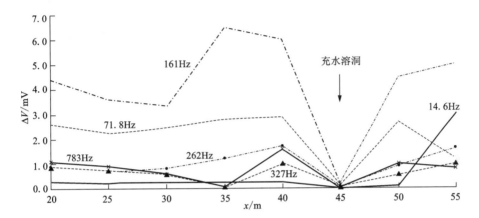

图1-4 天然电场选频法在已知充水溶洞上的探测结果

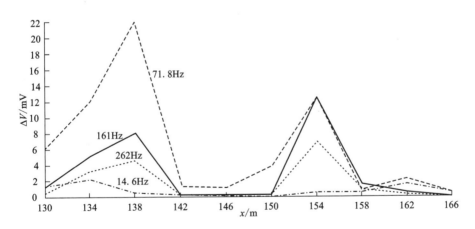

图1-5 冷水江沙塘湾供电所勘探成果

1.3 选频法理论研究现状

由以上概述可知, 以往的研究工作中, 国内众多学者运用天然电场选频法在地下饮用水勘探、矿山水灾害勘探、工程地质调查等方面取得了较好的效果，且应用性的文献比较多，探测设备型号也比较多且比较成熟，但理论研究甚少，笔者未检索到国外对该方法的研究文献。对于该方法的反演研究，目前主要是凭实践经验进行定性反演，一般认为实测的电位 ΔV 剖面曲线呈 U 形、V 形和阶梯形时，其地质上一般分别对应宽破碎带、窄破碎带和岩层界线；对异常体的深度反演都是根据经验进行定性推断，或者是选用其他地球物理勘探方法来完成。

长期以来，学者们就是将无磁介质中电磁波的趋肤深度公式，以及视电阻率与波阻抗、频率的关系式作为天然电场选频法的基本公式，如式（1－1）、式（1－2）所示，但对各种地电模型的理论探讨和模拟研究甚少。为此，作者在湖南省自然科学基金"天然电场选频法探测地下水的机理与应用研究"（12JJ3035）的资助下，从正演理论和试验入手，对天然电场选频法的异常成因开展研究，期望提高对该方法的场源及天然电磁场传播规律的认识[2, 88-89]。同时，在湖南省教育厅资助科研项目"基于浅层复杂介质的天然电场选频法正演模拟与应用研究"（16K031）的资助下，开展了进一步的深入研究。

作者根据经典的大地电磁测深法理论，从麦克斯韦方程组和边界条件出发，推导在 TE、TM 极化模式下，谐变大地电磁场中垂直断层上方地表处水平电场的解析计算式；然后对理论模型的各个参数进行假定，计算获得地表主剖面上水平电场强度分量曲线；最后将理论模型上的模拟计算结果与实测曲线进行对比分析，发现垂直断层主剖面上的天然电场强度水平分量的异常曲线与实测曲线具有相似特征，由此说明天然电场选频法的异常成因可能主要是由天然感应二次场所致[88]。为进一步说明选频法的异常成因，作者又求取了均匀垂直谐变一次磁场中良导电的球体和圆柱体内、外磁场矢量位，从而推导出球外和圆柱体外感应二次电场的解析计算式；再通过模拟计算，获得地表主剖面上良导柱体和球体的感应二次电场异常曲线；通过将岩溶区的实测曲线与理论模型上的模拟计算结果对比分析，进一步说明天然电场选频法在含水低阻体上方测得异常的原因之一可能是由天然感应二次电场所致[89]。在利用谐变电磁场中的良导球体和柱体的感应二次场说明选频的法异常成因时，作者假定了一次磁场的方向是垂直于地面的，这可能与自然界的情况有一些不相符。因为在大地电磁法勘探中，一般认为一次场场源是来自地球外部，假定一次场是垂直于地面的平面电磁波，而电磁场的电场分量和磁场分量与传播方向垂直，也就是说天然电磁场只有水平方向的电场分量和水平方向的磁场分量。这样的假定在天然电场选频法的理论研究方面还有待进一步深入。

最近，作者针对三维电磁场同时作用的情况下，对地下导电导磁球体的地表电场分量进行正演研究，说明了天然电场选频法所测得的地表水平电场分量主要是由水平交变电场、水平交变磁场共同作用的结果。该部分研究成果在本书后面

第 6 章中有详细的推导, 以及模拟计算成果。

在我国大力推广天然电场选频法的应用, 发挥其在农村与城镇饮用水勘探、矿山灾害地质体勘探、工程地质调查中的作用的同时, 应对其勘探理论进行深入、系统的研究, 特别是在基础理论方面, 弄清其内在本质, 使该方法在判断和识别目标体方面具备坚实的地球物理理论基础, 使该方法的成果具有严谨的说服力和可信度, 以便经得起各种复杂条件下的实践考验。

总之, 天然场的成因是多方面的, 学者们对其认识可能也各有不同, 这是一个比较复杂的问题, 天然电场选频法理论与应用中还存在许多问题有待我们进一步认识和深入研究。

第 2 章　天然电场选频法的理论基础

天然电场选频法由音频大地电磁法演化而来，一般认为其场源是天然电磁场，所以其电场和磁场的传播满足电磁波波动方程，只是选频法主要研究地表水平电场分量的变化规律而已。

2.1　交变电磁场在导电介质中的传播规律

天然交变电磁场在地下介质中传播时，存在电磁感应现象，在地面上观测到的电场信息将包含地下介质的电性信息，通过对野外观测结果的反演便可获得地下介质的分布情况。正演是反演的基础，首先需从麦克斯韦(Maxwell)方程组出发来认识电磁波的传播规律。

2.1.1　麦克斯韦方程组

计算地电体对电磁场的响应，需在一定的边界条件下求解麦克斯韦方程组[90-93]。在国际单位(千克、米、秒)制中，麦克斯韦方程组为

$$\begin{cases} \nabla \times \boldsymbol{H} = \boldsymbol{j} + \dfrac{\partial \boldsymbol{D}}{\partial t} \\ \nabla \times \boldsymbol{E} = -\dfrac{\partial \boldsymbol{B}}{\partial t} \\ \nabla \cdot \boldsymbol{D} = q \\ \nabla \cdot \boldsymbol{B} = 0 \end{cases} \qquad (2-1)$$

式中，$\boldsymbol{H}$ 为磁场强度，单位为安[培]/米(A/m)；$\boldsymbol{E}$ 为电场强度，单位为伏[特]/米(V/m)；$\boldsymbol{D}$ 为电位移，单位为库[仑]/米^2(C/m^2)；$\boldsymbol{B}$ 为磁感应强度或磁通量密度，单位为韦[伯]/米^2(Wb/m^2)或特斯拉(T, 1 Wb/m^2 =1 T)；$\boldsymbol{j}$ 为传导电流密度，单位为安[培]/米^2(A/m^2)；$\partial \boldsymbol{D}/\partial t$ 为位移电流密度，具有电流密度的量纲，即安[培]/米^2(A/m^2)；q 为自由电荷体密度，单位为库[仑]/米^3(C/m^3)；∇为哈密顿算子(或劈形算符)，读作"纳布拉"(nabla)。

式(2-1)中的第一式为安培定律的表达式，它描述了电流与其所产生的磁场之间的关系。式(2-1)中的第二式为电磁感应定律的表达式，它描述了变化的磁

场与其产生的电场之间的关系。式(2-1)中的第三式为库仑定律的表达式，它表明电场的电力线始于自由电荷；在导电介质中，介质内部的自由电荷经过短暂的衰减后变为零，即 $q=0$。式(2-1)中的第四式为磁通量连续性原理，表明磁场的磁力线是闭合的，说明 B 无源。

此外，电磁场的四个基本量 E、B、H、D 之间存在必然的联系，在各向同性介质中，它们之间有如下关系：

$$\begin{cases} j = \sigma \cdot E \\ B = \mu \cdot H \\ D = \varepsilon \cdot E \end{cases} \tag{2-2}$$

式中，σ 为电导率，单位为西[门子]/米(S/m)；μ 为磁导率，单位为亨[利]/米(H/m)；ε 为介电常数，单位为法[拉]/米(F/m)。通常用 μ_r 和 ε_r 表示相对磁导率和相对介电常数，即 $\mu = \mu_0 \mu_r$、$\varepsilon = \varepsilon_0 \varepsilon_r$。其中，$\mu_r$ 和 ε_r 为无量纲的量，μ_0 为真空的磁导率($\mu_0 = 4\pi \times 10^{-7} \mathrm{H/m}$)，$\varepsilon_0$ 为真空的介电常数($\varepsilon_0 = 8.85 \times 10^{-12} \mathrm{F/m}$)。

2.1.2　电磁波波动方程及边界条件

在讨论天然电磁场的传播规律时，为使讨论简便，一般将大地看成均匀介质，而自太空向地球传播的电磁波是垂直于地表的，从而可导出大地电磁场与地下介质之间的关系[93]。在电导率 σ 等于或大于 $10^{-4} \mathrm{S/m}$ 的均匀大地介质中，自由电荷会在 $10^{-6}\mathrm{s}$ 内消散掉，即电导率 σ 不为零的介质中，体电荷不可能堆积在某一处，经过一段时间后被介质导走，所以在导电介质内有

$$\nabla \cdot D = 0 \tag{2-3}$$

将式(2-1)至式(2-3)合并，可得

$$\begin{cases} \nabla \times H = \sigma \cdot E + \varepsilon \cdot \dfrac{\partial E}{\partial t} \\ \nabla \times E = -\mu \cdot \dfrac{\partial H}{\partial t} \\ \nabla \cdot E = 0 \\ \nabla \cdot H = 0 \end{cases} \tag{2-4}$$

对方程组(2-4)中的第一式两边求旋度，并利用方程组(2-4)的第二式，可得

$$\nabla \times \nabla \times H = -\sigma \cdot \mu \cdot \frac{\partial H}{\partial t} - \varepsilon \cdot \mu \cdot \frac{\partial^2 H}{\partial t^2} \tag{2-5}$$

根据方程组(2-4)中的第四式，则上式的左端可化为

$$\nabla \times \nabla \times H = \nabla(\nabla \cdot H) - \nabla^2 H = -\nabla^2 H$$

所以，式(2-5)可化为

$$\nabla^2 \boldsymbol{H} = \sigma \cdot \mu \cdot \frac{\partial \boldsymbol{H}}{\partial t} + \varepsilon \cdot \mu \cdot \frac{\partial^2 \boldsymbol{H}}{\partial t^2} \qquad (2-6)$$

同理,对方程组(2-4)中的第二式两边求旋度,并利用方程组(2-4)中第一式,可得

$$\nabla^2 ! = \sigma \cdot \mu \cdot \frac{\partial \boldsymbol{E}}{\partial t} + \varepsilon \cdot \mu \cdot \frac{\partial^2 \boldsymbol{E}}{\partial t^2} \qquad (2-7)$$

式(2-6)和式(2-7)分别为磁场强度 $\boldsymbol{H}$ 和电场强度 $\boldsymbol{E}$ 满足的微分方程,称之为电极方程。它将电场矢量和磁场矢量随时间和空间的变化联系起来,右端第一项为时间的一阶导数,表现为场的扩散性,第二项为时间的二阶导数,表现为场的波动性。因此,电磁场在介质中以波动和扩散两种形式传播。

如果场的频率较低和介质具有导电性,或在频率 $f \leqslant 1000\ Hz$ 及介质电阻率 $\rho < 10^5 \Omega \cdot m$ 范围内,皆可忽略位移电流作用。而在自然条件下,岩石电阻率一般不会超过该值,故在低频电磁感应法中可不考虑位移电流影响,即视岩石导电性不随频率改变,则式(2-6)和式(2-7)右端第二项可忽略,方程变为热传导性的(或扩散性的)。由此可见,在导电的强吸收介质中,电磁扰动的传播是不按波动规律的,而是按照扩散规律传播的。

相反,若电磁场的频率很高,并且介质的导电性很差,则式(2-6)和式(2-7)右端第一项可忽略,这时方程变为纯波动性的。实际的电法勘探工作中,一般只在频率 f 超过 $10^6\ Hz$ 的高频电磁法(如无线电波透视法、地质雷达法等)中就忽略传导电流,主要考虑位移电流的作用。

就谐变场而言,场的复数表达式为 $\boldsymbol{H} = \boldsymbol{H}_0 \cdot e^{\omega ti}$,$\boldsymbol{E} = \boldsymbol{E}_0 \cdot e^{\omega ti}$,式中 ω 为圆频率,i 为虚数单位,且 $i^2 = -1$,t 为时间变量。将两表达式代入式(2-4),可得

$$\begin{cases} \nabla \times \boldsymbol{H} = i\omega\varepsilon^* \boldsymbol{E} \\ \nabla \times \boldsymbol{E} = -i\omega\mu \cdot \boldsymbol{H} \\ \nabla \cdot \boldsymbol{E} = 0 \\ \nabla \cdot \boldsymbol{H} = 0 \end{cases} \qquad (2-8)$$

式中,$\varepsilon^* = \varepsilon - i\dfrac{1}{\omega\rho}$,为复介电常数。

从式(2-8)同样可推得式(2-6)、式(2-7)的类似形式

$$\nabla^2 \boldsymbol{H} = i\omega\sigma\mu \cdot \boldsymbol{H} - \omega^2\varepsilon\mu \cdot \boldsymbol{H}$$

$$\nabla^2 \boldsymbol{E} = i\omega\sigma\mu \cdot \boldsymbol{E} - \omega^2\varepsilon\mu \cdot \boldsymbol{E}$$

上两式即为谐变电磁场的基本微分方程——亥姆霍兹齐次方程

$$\begin{cases} \nabla^2 \boldsymbol{H} + k^2 \boldsymbol{H} = 0 \\ \nabla^2 \boldsymbol{E} + k^2 \boldsymbol{E} = 0 \end{cases} \qquad (2-9)$$

式中,$k = \sqrt{\omega^2\varepsilon\mu - i\omega\sigma\mu}$,被称为传播系数,亦称为波数。在导电介质中忽略位移

电流时,则 $k = \sqrt{-\mathrm{i}\omega\sigma\mu}$。

　　上面式(2-6)、式(2-7)和式(2-9)为磁场和电场所满足的波动方程。

　　在求解电磁场边值问题时,同时使用两个矢量 $\boldsymbol{H}$、$\boldsymbol{E}$ 很不方便。为使求解过程中的未知数减少,引入一个矢量位。

　　从麦克斯韦方程组中的 $\nabla \cdot \boldsymbol{B} = 0$ 出发,在此引入磁场矢量位 $\boldsymbol{A}$,即由电流源引起的磁场矢量位,利用等式 $\nabla \cdot \nabla \times \boldsymbol{A} \equiv 0$,则可令

$$\boldsymbol{B} = \nabla \times \boldsymbol{A} \qquad\qquad (2-10)$$

将上式代入方程组(2-1)中的第二式,可得

$$\boldsymbol{E} = -\frac{\partial \boldsymbol{A}}{\partial t} \qquad\qquad (2-11)$$

对式(2-10)两边求旋度,得

$$\nabla \times \boldsymbol{B} = \nabla \times \nabla \times \boldsymbol{A}$$

即

$$\nabla \times \boldsymbol{B} = \nabla \times \nabla \times \boldsymbol{A} = \nabla\nabla \cdot \boldsymbol{A} - \nabla^2 \boldsymbol{A} \qquad (2-12)$$

又对式(2-10)两边求散度,在导电介质中 $\nabla \cdot \boldsymbol{E} = 0$,即

$$\nabla \cdot \boldsymbol{E} = \nabla \cdot \left(-\frac{\partial \boldsymbol{A}}{\partial t}\right) = -\frac{\partial}{\partial t}(\nabla \cdot \boldsymbol{A}) = 0$$

　　由于磁场矢量位 $\boldsymbol{A}$ 本身是随时间变化的,要使上式成立则 $\nabla \cdot \boldsymbol{A}$ 必须与时间无关,且等于 0,即

$$\nabla \cdot \boldsymbol{A} = 0$$

则式(2-12)可化为

$$\nabla^2 \boldsymbol{A} = -\nabla \times \boldsymbol{B} = -\mu \cdot \nabla \times \boldsymbol{H}$$

再将麦克斯韦方程组(2-4)中的第一式,以及式(2-11)代入上式,可得

$$\nabla^2 \boldsymbol{A} = -\mu \cdot \sigma \cdot \boldsymbol{E} - \mu \cdot \varepsilon \cdot \frac{\partial \boldsymbol{E}}{\partial t} = \mu \cdot \sigma \cdot \frac{\partial \boldsymbol{A}}{\partial t} + \mu \cdot \varepsilon \cdot \frac{\partial^2 \boldsymbol{A}}{\partial t^2} \qquad (2-13)$$

　　对于谐变场(即 $\boldsymbol{A} = \boldsymbol{A}_0 \cdot \mathrm{e}^{+\mathrm{i}\omega t}$),矢量磁位 A 满足下列方程

$$\nabla^2 \boldsymbol{A} + k^2 \boldsymbol{A} = 0 \qquad\qquad (2-14)$$

式中,k 与式(2-9)中的相同,即 $k = \sqrt{\omega^2 \varepsilon\mu - \mathrm{i} \cdot \omega\sigma\mu}$。

　　同理,从 $\nabla \cdot \boldsymbol{E} = 0$ 出发,引入由磁性源引起的电场矢量位 $\boldsymbol{F}$,利用 $\nabla \cdot \nabla \times \boldsymbol{F} = 0$,可令

$$\boldsymbol{E} = \nabla \times \boldsymbol{F}$$

将上式代入方程组(2-4)的第一式,得

$$\nabla \times \boldsymbol{H} = \sigma \nabla \times \boldsymbol{F} + \varepsilon \cdot \frac{\partial}{\partial t}(\nabla \times \boldsymbol{F}) = \nabla \times \left(\sigma \cdot \boldsymbol{F} + \varepsilon \frac{\partial \boldsymbol{F}}{\partial t}\right)$$

所以有

$$\boldsymbol{H} = \sigma \cdot \boldsymbol{F} + \varepsilon \frac{\partial \boldsymbol{F}}{\partial t}$$

若对上式两边求散度，并利用麦克斯韦方程组(2-4)的第四式，则有

$$\nabla \cdot H = \sigma \nabla \cdot F + \varepsilon \frac{\partial}{\partial t}(\nabla \cdot F) = 0$$

由于上式中 F 本身是随时间变化的，若使上式成立必须有 $\nabla \cdot F = 0$

又因为 $\quad\quad \nabla \times E = \nabla \times \nabla \times F = \nabla \nabla \cdot F - \nabla^2 F = -\nabla^2 F$，

结合麦克斯韦方程组(2-4)中的第二式($\nabla \times E = -\mu \cdot \frac{\partial H}{\partial t}$)，可得

$$-\nabla^2 F = -\mu \cdot \frac{\partial}{\partial t}\left(\sigma \cdot F + \varepsilon \frac{\partial F}{\partial t}\right)$$

$$\nabla^2 F = \mu \cdot \frac{\partial}{\partial t}\left(\sigma \cdot F + \varepsilon \frac{\partial F}{\partial t}\right) = \mu \cdot \sigma \frac{\partial F}{\partial t} + \mu \cdot \varepsilon \frac{\partial^2 F}{\partial t^2}$$

上式即为矢量电位 F 所满足的波动方程。如考虑谐变场(即 $F = F_0 \cdot e^{+i\omega t}$)，则电场矢量 F 满足下列波动方程

$$\nabla^2 F + k^2 F = 0 \quad\quad\quad\quad\quad (2-15)$$

在地球物理中出现的电磁问题，通常是一个外加场(即一次场)作用下引起二次电荷和电流的分布，从而产生二次场。总场是一次场和二次场的和。每一种场都满足麦克斯韦方程组，或由麦克斯韦方程组引出的方程加上适当的边界条件。因此，我们常遇到的问题被认为是边值问题，也就是边界条件的确立。这些边界条件是根据问题的性质，在所涉及的各分区的均匀介质分界面处(如空气-大地分界面、不同岩性的分界面)设定的。电磁法问题中，在不同介质的分界面上，即在电导率 σ 或磁导率 μ 出现不连续的地方，电场和磁场应满足如下边界条件

$$\begin{cases} E_{1t} = E_{2t} & \text{和} \quad H_{1t} = H_{2t} \\ D_{1n} = D_{2n} & \text{和} \quad B_{1n} = B_{2n} \end{cases}$$

式中，下标中的数字1、2代表不同的介质，t 表示切线分量，n 表示法线分量。上述等式表明：在通过介质1和介质2的分界面时，电场强度 E 的切向分量 E_t 是连续的；不存在面电流时，磁场强度 H 的切向分量 H_t 在通过界面时是连续的；在分界面处没有面电荷堆积时，电位移 D 的法向分量 D_n 是连续的；磁感应强度 B 在界面处的法向分量 B_n 是连续的。

另外，电流密度 J 的法向分量 J_n 在通过分界面时也是连续的，即 $J_{1n} = J_{2n}$。严格地说，这个条件适用于直流的情况。但对于大地介质来说，频率高至 10^5 Hz 时也可以应用这个条件，因为这时的位移电流可以忽略[94]。

矢量位的边界条件可由磁场和电场的边界条件导出。此外，在电磁场求解中还常常利用的定解条件有：

(1)当频率趋近于零时，电磁场趋于相应的稳定场；

(2)当距离趋于无穷远时，三维场源的矢量位趋于零。

2.1.3　传播系数

等相位面为平面的电磁波，如果等相位面同时也是等振幅面，则称为均匀平面电磁波。在此，先考虑均匀平面电磁波在均匀各向同性介质中的传播。

假定波的传播方向与垂直地面的 z 轴方向一致，波面与 x、y 轴所在的地平面平行（见图 2-1）。容易证明，此时电磁波的极化平面平行于 xoy 平面。所以，在选定的坐标系中，$E_z = H_z = 0$。设 E 与 x 方向一致，H 与 y 方向一致。这时，方程（2-9）变为

$$\frac{\partial^2 H_y}{\partial z^2} + k^2 \cdot H_y = 0, \qquad \frac{\partial^2 E_x}{\partial z^2} + k^2 \cdot E_x = 0$$

假设在 $z = 0$ 的平面上磁场强度和电场强度分别为 $H_y = H_{y0}$，$E_x = E_{x0}$。考虑当 $z \to \infty$ 时，电磁场将逐渐衰减并渐趋于零，即 H 和 E 均有趋近于 0 的极限条件，则上两式的通解为

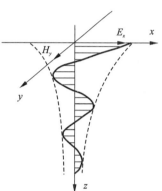

$$H_y = H_{y0} \cdot \mathrm{e}^{-\mathrm{i} \cdot k \cdot z} + H_{y0} \cdot \mathrm{e}^{\mathrm{i} \cdot k \cdot z}$$
$$E_x = E_{x0} \cdot \mathrm{e}^{-\mathrm{i} \cdot k \cdot z} + E_{x0} \cdot \mathrm{e}^{\mathrm{i} \cdot k \cdot z}$$

上两式中右端的第一项为沿 z 轴正向传播的波，第二项为沿 z 轴负方向传播的波。

图 2-1　平面电磁波在地下的传播

在此所讨论的问题中，沿 z 轴负方向传播的波实际上是不存在的。运用定解条件，最终解的形式可简化为

$$H_y = H_{y0} \cdot \mathrm{e}^{-\mathrm{i} \cdot k \cdot z}, \quad E_x = E_{x0} \cdot \mathrm{e}^{-\mathrm{i} \cdot k \cdot z} \tag{2-16a}$$

另外，考虑传播系数 k 为复数，令

$$k = a - \mathrm{i} \cdot b$$

根据前面的传播系数公式（$k = \sqrt{\omega^2 \varepsilon \mu - \mathrm{i} \cdot \omega \sigma \mu}$），可得

$$\begin{cases} a^2 - b^2 = \omega^2 \cdot \varepsilon \cdot \mu \\ 2 \cdot a \cdot b = \omega \cdot \sigma \cdot \mu \end{cases}$$

此方程组的解为

$$\begin{cases} a = \omega \sqrt{\varepsilon \cdot \mu} \cdot \sqrt{\dfrac{1}{2}\left(\sqrt{1 + \left(\dfrac{\sigma}{\omega \cdot \varepsilon}\right)^2} + 1\right)} \\[4mm] b = \omega \sqrt{\varepsilon \cdot \mu} \cdot \sqrt{\dfrac{1}{2}\left(\sqrt{1 + \left(\dfrac{\sigma}{\omega \cdot \varepsilon}\right)^2} - 1\right)} \end{cases} \tag{2-16b}$$

将上式代入式（2-16a），并考虑场的谐变关系 $\mathrm{e}^{+\mathrm{i}\omega t}$，可得

$$\begin{cases} H_y = H_{y0} \cdot e^{-b \cdot z} \cdot e^{-i \cdot a \cdot z} e^{i\omega t} \\ E_x = E_{x0} \cdot e^{-b \cdot z} \cdot e^{-i \cdot a \cdot z} e^{i\omega t} \end{cases} \qquad (2-17)$$

上式表示电磁场传播过程中，随着距离的增加，波振幅沿 z 方向按指数规律衰减(见图 2-1)，电磁场传播的衰减及相位移与传播距离、场频率、岩石的物理参数 μ 和 σ 有关。当电磁波沿 z 方向前进 $1/b$ 距离时，振幅衰减为地表值的 $1/e$ 倍，此时的场强为地面场强数值的 37%。习惯上取距离 $\delta = 1/b$ 为电磁波的趋肤深度，b 为电磁波的衰减系数。从能量观点看，当交变电磁场在导电介质中传播时，必在其中产生感应电流，因而造成能量的热损耗。因此，也可认为这是介质对电磁能量的吸收，故 b 也称为吸收系数。

由式(2-16b)可知，如果 $\sigma/\omega\varepsilon \gg 1$，即可忽略位移电流，则衰减系数可简化为

$$b = \sqrt{\omega\mu\sigma/2} \qquad (2-18)$$

在无磁性介质中，$\mu = \mu_0$，所以趋肤深度为

$$\delta = \sqrt{\frac{2}{\omega\mu_0\sigma}} \approx 503\sqrt{\frac{\rho}{f}} \ (m) \qquad (2-19)$$

式中，ρ 为电阻率，单位为欧[姆]·米($\Omega \cdot m$)。由式(2-19)可知，电磁波的趋肤深度随介质电阻率的增加而增加，随电磁场频率的升高而降低。

电磁法的勘探深度与趋肤深度是密切相关的，一般来说，趋肤深度大，勘探深度也大。所以，当工作频率固定时，在导电性较差(即电阻率较高)的地区勘探深度比较大；在电阻率较低的地区勘探深度较小，这就有可能造成低阻屏蔽现象。趋肤深度与电磁波频率之间的关系是电磁测深法的理论基础，在地质条件一定的情况下，若要寻找深部矿体或探测深部地质构造，则应选择较低的工作频率。

由式(2-17)可知，当电磁波前进距离 $z = 2\pi/a$ 时，波的相位改变 2π，故此距离即为波长 λ。所以，a 被称为相位系数。在无磁性介质中，如果忽略位移电流，即 $\sigma/\omega\varepsilon \gg 1$ 时，波长的计算式为

$$\lambda = \sqrt{10 \cdot \frac{\rho}{f}} \ (km)$$

上式说明：当频率 f 一定时，介质的导电性越好，则波长越短。

由上面的讨论可知，电磁波在介质中传播时，其振幅是逐渐衰减的，波长要比在空气中的短。传播系数 k 中隐含了电磁波的这些性质。

2.1.4　波阻抗

在图 2-1 所示的坐标系中，电场强度 $\boldsymbol{E}$ 只有 z 方向的导数值，磁场强度 $\boldsymbol{H}$ 仅有 y 方向的分量。所以，在此情况下麦克斯韦方程组(2-8)中的第二式

$$\nabla \times \boldsymbol{E} = -\mathrm{i}\omega\mu \cdot \boldsymbol{H}$$

可变为

$$\frac{\partial E_x}{\partial z} = -\mathrm{i}\omega\mu \cdot H_y$$

将式(2-16)代入上式,得

$$ikE_x = -\mathrm{i}\omega\mu \cdot H_y$$

即

$$\frac{E_x}{H_y} = -\frac{\omega\mu}{k} \tag{2-20}$$

式中,E_x/H_y 的单位为欧姆(Ω),是伏[特]/米(V/m)除以安[培]/米(A/m)的商,所以该比值被称为波阻抗。当忽略位移电流时,将传播系数 $k = \sqrt{-\mathrm{i}\cdot\omega\sigma\mu}$ 代入上式,并以复数形式写出

$$\frac{E_x}{H_y} = \sqrt{\frac{\omega\mu}{\sigma}} \cdot \mathrm{e}^{\mathrm{i}\cdot\pi/4} \tag{2-21}$$

上式表明,在均匀介质中电场和磁场之间的相位差为45°。对式(2-21)平方,并进行变换可得

$$\rho = \frac{1}{\omega\mu}\left|\frac{E_x}{H_y}\right|^2 \tag{2-22}$$

上式表明,当平面波垂直入射到均匀各向同性介质中时,测量地表相互正交的电场和磁场水平分量,可得到该介质的电阻率。由此可见,在野外地质勘探中,选用不同的频率 f 就可达到不同的勘探深度,这便是大地电磁法的理论基础。

式(2-22)中,因为 E_x/H_y 的单位为欧[姆](Ω);ω 为 1/秒(1/s);μ 为亨/米(H/m),1 亨/米 = 1 欧姆·秒/米,故 ρ 的单位是欧[姆]·米($\Omega\cdot\mathrm{m}$)。式(2-22)也是大地电磁法计算大地电阻率的公式。

实际勘探工作中,考虑到除了铁磁介质外,一般岩石的相对磁导率 $\mu_r \approx 1$,式(2-22)中可取 $\mu = \mu_0 = 4\pi\times10^{-7}\mathrm{H/m}$,圆频率 $\omega = 2\pi f = 2\pi/T$,f 为电磁波的频率(单位:Hz),T 为电磁波的周期,则式(2-22)可化为:

$$\rho = \frac{1}{2\pi f\mu}\left|\frac{E_x}{H_y}\right|^2 = \frac{T}{2\pi\times4\pi\times10^{-7}}\left|\frac{E_x}{H_y}\right|^2 \tag{2-23}$$

在国际单位制中,磁场强度 $\boldsymbol{H}$ 的单位为安[培]/米(A/m),电场强度 $\boldsymbol{E}$ 的单位为伏[特]/米(V/m)。若 $\boldsymbol{E}$ 和 $\boldsymbol{H}$ 的单位分别用实际测量单位毫伏/公里(mV/km)、伽马(γ)或纳特(nT)表示,利用单位换算关系:

电场单位:1 V/m = 10^6 mV/km

磁场单位:1 A/m = $4\pi\times10^{-3}$ Oe = $4\pi\times10^{-3}\times10^5$ nT = $4\pi\times10^2$ nT

式中,Oe 为奥斯特,1 高斯 = 1Oe = 10^5 nT,则计算电阻率的公式(2-23)可化为:

$$\rho = \frac{T}{2\pi\times4\pi\times10^{-7}}\left|\frac{10^{-6}\times E_x}{H_y}\times4\pi\times10^2\right|^2 = 0.2T\left|\frac{E_x}{H_y}\right|^2$$

即

$$\rho = 0.2T\left|\frac{E_x}{H_y}\right|^2 = \frac{1}{5f}\left|\frac{E_x}{H_y}\right|^2 \tag{2-24}$$

上式即为按大地电磁法中常用的单位计算电阻率的公式，也是大地电磁测深法中最基本的关系式。

2.2 大地电磁场

大地电磁场(magnetotelluric field)是指地球天然电磁场中随时间变化的电场和磁场部分，它的变化可以从几毫秒到几百年甚至更长的周期范围。通常所说的大地电磁场主要指由地球外部的场源而引起的地球电磁场的短周期变化[95]。

2.2.1 大地电磁场场源

1. 太阳风与磁层、电离层的相互作用

通过对大量观测到的大地电磁场的中周期变异(周期为几秒至几十秒的大地电磁场变化)的研究，人们认识到：地球的天然电磁场与太阳的活动性、电离层状态、地磁轴对太阳的定向这三个基本因素有着密切的联系。

导致大地电磁场变化的主要原因是由于太阳发射的带电微粒流破坏了电离层的平衡，从而激发了游离气体的自由振动，这样就在电离层中产生了发射电磁波的复杂的电磁系统。因此，大地电磁场的中周期变异可以认为是来源于电离层中产生的磁偶极子和电偶极子。

目前，人们已经采用地磁场与太阳风相互作用所产生的流磁波(也称磁流体动力波、磁流体波)的观点来研究大地电磁场的短周期变化。磁流体动力学是基于将导电介质当作流体的假设。卫星的直接探测已经证明，在行星际空间存在着由太阳发出的连续的等离子体流，通常被称为太阳风等离子体流。

太阳风等离子体流与地球磁场相互制约，从而使地球的磁场局限在围绕地球的一个有限的区域内，同时地球这个磁性体也会排斥等离子体流，从而形成了一个围绕地球周围的空腔(或空穴)。等离子体的能量密度和地球磁场的磁化强度决定了空腔的大小。此外，如果等离子体流的速度远大于音速，就可能在空腔边缘区域产生分离的激波。一般来说，地球磁场的作用范围即空腔内部，称为磁层。

图2-2为地球磁层结构示意图。可以看出，当太阳风吹向地球时，地球磁场在向日面被压缩，而在背日面形成长尾，造成了磁层的不对称形状。

太阳风等离子体流可以进入到磁层之中，电离层中的等离子体流有的也能扩散并流向磁层，从而使磁层中充满着等离子体流。当太阳风参量发生变化时，等离子体流与地球磁场之间会产生相互作用，从而使产生的磁流波在磁层中形成不同的电流体系。

太阳的活动不仅有粒子辐射还有电磁辐射。由于太阳发射的紫外线和 X 射线的作用，在距离地球表面 60～1000 km 的高度上形成了电离层的等离子体流，可以形成水平的传导，特别是在 90～140 km 的高度上，磁层的流磁现象产生了很大的水平电流薄层。这些电流薄层在不同半径的磁层的磁力线间传输能量，这种电离层的电流体系也是进入大气层的电磁辐射源。

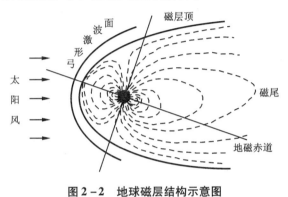

图 2－2　地球磁层结构示意图

此外，在地球磁场的影响下，再加上太阳辐射变化的加热和潮汐效应所产生的气压差，会产生导电的电离层风系。这些风系产生电流体系，从而使磁层等离子体流沿磁力线产生磁流现象。这些电流体系从太阳风中获得能量，而离子的密度、速度和磁场强度的变化可以整体或局部地改变这些电流体系，从而引起地球表面上的电磁变异，产生瞬变的磁场和电流场。

大地电磁场的变化正是由于太阳风与地球磁层、电离层之间复杂的相互作用而产生的。根据已有研究成果可知流磁波的形成和传播过程：太阳风与地球磁层相互作用形成流磁波，流磁波在磁层电离层区的各层中以相当低的速度（10^2～10^4 km/s）传播；在电离层下，流磁波速度上升为光速。

太阳电磁辐射的变化，必将引起大地电磁场的变化，成为大地电磁场源。这个场源是低频场源，而高频场源主要来自雷电活动。

2. 雷电活动与高频场源

雷电是由大气层放电引起的，它是振幅较大的一系列高频脉冲。雷电活动产生了周期小于 1s 的大地电磁场，且距离很远的雷电源，产生的是一个近乎均匀的信号源。在有些地方，电力传输系统和各种电力设备也有可能形成供电频率为 50 Hz 或 60 Hz 的电噪声源及其谐波场源。

由雷电活动引起的电场和磁场的强度与雷电发生的地点到观测点的距离有着密切的关系，雷电信号的特征随传播距离也有显著的变化。

在远离雷电活动的区域，雷电源提供了一个近似均匀的信号源。雷电经常发生在赤道区，如巴西、中非、马来西亚等是雷电活动中心，这些地方每天的任一小时都可能有雷电发生。人类利用高频的雷电信号，可以探测地壳浅层构造以及岩脉、矿化带等，同时也可用于浅层地下水、地热异常区的勘探。例如，金属电法勘探中的天电法（AFMAG），就是利用频率为 $10^2 \sim 10^3$ Hz 的雷电信号作为场源[97]。虽然雷电现象大多在局部地区出现，但从全球范围来看，由于太平洋东西两侧日照不均匀，形成很大的气压差，所形成的雷暴现象具有全球性的影响。这种雷暴现象在格林威治时间 20 点最强，0 点至 4 点最弱，并与季节有关。

由雷电活动所产生的大地电磁信号，特别是 $4 \sim 4 \times 10^5$ Hz 频段内的信号，具有较大的实际意义。Maxwell(1967)对此进行过观测和研究[96]，在该频段的低频端，其频谱显示出明显的谐振响应，通常称之为舒尔曼(Schumann)谐振，其展布的频率范围为 3 ~ 30 Hz。已有的观测记录表明，其可能的谐振频率为 4 Hz、8 Hz、14 Hz、20 Hz 和 26 Hz。根据波导传播理论，通常认为这是由于雷电信号经地球－电离层波导传播所引起的。由于大地电磁信号在苏曼谐振频率上具有较大的振幅，若选用这些频率作为大地电磁测深的勘探信号，将有利于获得高信噪比的记录资料。

2.2.2 大地电磁场的分类

天然电场选频法利用天然电磁场，而天然大地电磁场具有很宽的频率范围，不同频率的电磁场相互叠加，形成了一个非常复杂的电磁振动系统(见图 2 - 3)。图 2 - 3 反映了天然电磁场与人文电磁场的分布情况[98]。

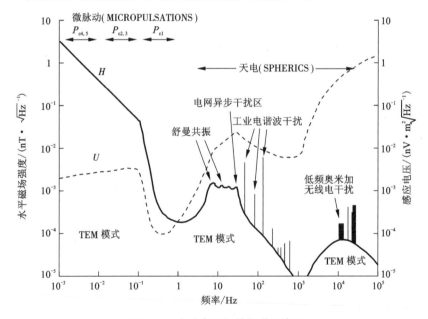

图 2 - 3　大地电磁场的频谱示意图

由图 2 - 3 可见，天然电磁场频率分布范围为 $10^{-3} \sim 10^{5}$ Hz，电磁场随频率的增加而减弱，但在 8 Hz、14 Hz、20 Hz 和 26 Hz 附近可观测到几个峰值，这是由于大地与电离层之间的谐振引起的，即前面提到的舒尔曼谐振。几十赫兹以下的电磁场受外界人文干扰较少，但在 1 Hz 左右，电场和磁场都处于低谷，信号强度小，能量低；几十赫兹至 10^{4} Hz 范围内，人文活动（如电网、工业电、无线电等）的电磁场干扰特别严重，其中在 10^{3} Hz 的地方磁场几乎寂静（即大小几乎为零），电场出现一个局部的低谷。由此可见，大地电磁法只适合于采集较低频率的信号，并且观测时间长，分辨率较低，只适合解决深层宏观问题。而天然电场选频法的工作频率为 16 Hz ~ 1.5 kHz，并且只观测地表水平电场分量，其信号相对较强，适合于解决浅层地质问题，但可能受人文活动的电磁干扰严重。

图 2 - 4 是一幅反映全球电场、磁场强度平均振幅的特征图，该图来源于 1967 年 Campbell 的研究成果。从图中可知，大地电磁测深法所观测的电磁场信号十分微弱，电场振幅最低为 $n \times 0.01$ mV/km，磁场的振幅最低为 $n \times 10^{-4}$ nT。如此微弱的信号，很容易淹没在电磁噪声之中，以至于无法提取真实的大地电磁信号。所以，实际工作中，既要求观测仪器具有很高的观测精度，又要有识别有效信号、抑制干扰噪声的专用技术。

由图 2 - 4 也可看到，天然电场选频法的频带范围与大地电磁测深法有较多的重叠。电场振幅在一个相对局部高值段，大小为 0.3 ~ 0.9 mV/km，相对于大地电磁测深法而言，这是比较有利的。

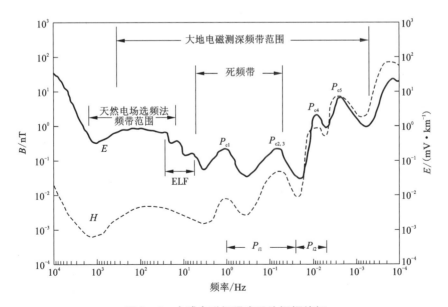

图 2 - 4　全球电磁场强度平均振幅特征

在整个频段上，振幅的动态范围通常非常大。根据电磁场强度的大小大致可分为三个频段：

A 段：0.0001 ~ 0.1 Hz，为低频段，随着频率的降低，电磁场强度逐渐增强，大约每倍频程增加 8 ~ 10 dB，并在某些频率点上出现极值。

B 段：0.1 ~ 7 Hz，为中频段，在此段上谱的强度最弱，特别是在 1 Hz 左右，电场变化很平稳，有利于观测，但其强度却最低，比较难取得好的观测资料。

C 段：大于 7 Hz，为高频段，谱的强度随频率变大而增强，在 2000 Hz 左右有一个局部极小值。

不同频率的天然电磁场互相叠加在一起，形成了一个非常复杂的电磁振动。这个电磁振动按其频率高低、振幅大小、振动形式以及分布特征又大致可以分为下面三类，每类都有其各自的、不完全相同的激发机制[99]。

1. 雷电干扰

雷电或称天电（ELF），主要指由于大气圈中的放电现象引起的电磁扰动，通常指频率高于 1 Hz 的大地电磁场。在中非、马来西亚和巴西三个雷雨中心地区，年平均雷雨日在 100 天以上，个别地方超过 200 天。任何时刻都可能发生雷电现象，但其峰值一般出现在当地时间的下午。因为电离层与地面之间形成一个良好的波导，大气层中以雷电形式产生的电磁场，会在电离层的下界和地面之间来回反射，并传播到很远的地方。白天，波导的宽度（即电离层 D 层的高度）为 60 km，而夜晚 D 层消失，E 层的高度为 90 km。虽然雷电干扰具有很宽的频带，但是由于波导的特性，使得电磁波在传播过程中有些频率增强有些频率减弱。除了这种特性外，雷电干扰的强度还与场源之间的距离有关，因此在低纬度地区比高纬度地区强，下午比上午强，夏季比冬季强。声频大地电磁测深（AMT）正是利用了频率在几百赫兹以上的高频成分。

2. 磁暴和磁亚暴

磁暴及主要出现在极区的磁亚暴，表现为磁场强度的剧烈变化，尤其是磁场水平分量，呈现极不规则的形状。

磁暴具有一定的地方性，可能只在某些特定地区能够观测到，也有可能蔓延全球，而且有很大的强度，磁亚暴又称为全球性磁暴。根据磁暴出现的形式，可分为急始型（SC）磁暴和缓始型（GC）磁暴。前者指各地磁要素（如磁偏角 D、水平分量 H、垂直分量 Z）在平稳变化的背景场上突然跳跃，有可能在全世界范围内同时观测到；后者为磁要素缓慢地增加，故不能准确地测定磁暴出现的时间。

根据磁暴强度（即变化幅值）的大小可分为大磁暴、中磁暴和小磁暴。磁暴强度一般是从低纬度向高纬度逐渐增强的，发生的频率（一定期间内磁暴发生的次数）与太阳的活动、季节等关系密切。根据观测记录发现，在不同年份磁暴出现的频率与表示太阳黑子活动性的沃尔夫数 W（$W = f + 10g$，f 为黑子数，g 为黑子群）有几乎相同的变化规律；一年之中，春分和秋分期间大磁暴出现的频率较高。

　　磁亚暴一般出现在极区，它是全球性磁暴在高纬度区的表现形式。因为这类扰动在记录上常表现为许多海湾形状的曲线，故又称湾扰或磁湾，可进一步分为正湾扰和负湾扰。湾扰表现为单个的或以一个接一个的扰动形式出现在平静的地磁场背景上，一般可在几个地磁台站上追踪记录到同一个湾扰，但不同台站记录的湾扰各自都有自己的振幅和相位。

　　在磁暴和磁亚暴出现的时候，会有许多不同频率的振动叠加在大周期的振动上面，形成复杂的振动，这样丰富的频率成分和强烈的振动对大地电磁测深法勘探工作是非常有利的。

3. 地磁脉动

　　地磁脉动是一种具有类似周期性振动形式的、特殊的短周期振动，周期大约为 0.5 ~ 1000 s。国际地磁学与高层物理学协会（IAGA）将其划分为两种类型：第一种为 P_c 型，即连续振动，大致呈似正弦波形，其持续时间较长；第二种为 P_i 型，振动为不规则波形，频谱变化较大，它表现了磁层内部的扰动特征。

　　根据每一类地磁脉动的周期、强度、出现时间以及沿纬度的分布规律，又可将它们分为多种类型，即 P_{c1}、P_{c2}、P_{c3}、P_{c4}、P_{c5}、P_{c6} 和 P_{i1}、P_{i2} 等，其中 P_{c3} 和 P_{i2} 亚振动类型的振幅最大，且出现的概率也最大。

2.2.3　大地电磁场的特征

　　根据上面的分析可知，大地电磁场主要具有形态特征、时间特征、空间特征、频谱特征和极化特征等。形态特征指各类大地电磁场具有各自独特的形态。时间特征主要表现为随机性和规律性，随机性指大地电磁场不能被精确确定其出现的时间，规律性指长期的规律。空间特征主要与纬度有关，一般低纬度地区的电磁场弱于高纬度地区（雷电区除外）。频谱特征，指某些频率振幅较小，某些频率振幅较大，某些频率出现局部极值。极化特征指大地电磁场的磁场矢量和电场矢量在方向上随时间变化，与场源性质相关，尤其是磁场的水平分量，与地下介质的电性特征关系疏远，较多地具有原始场的特征，研究这种场的极化特征可以直接用于研究场源的性质。而大地电磁场中的电场部分，除与场源性质有关外，还较多地受地下介质电性的影响，常具有一个较为稳定的极值方向。该方向一般受地质构造，如断层、盆地、隆起和岩矿脉等所引起的地下电阻率的变化影响。

　　另外，磁场的平均强度可能受磁暴的影响而有较大的变化，而电场的平均强度通常随时间呈平稳变化，1 h 内的变化一般为 10% ~ 15%，但一昼夜平均场强的极差可达到 150% ~ 170%。同时，在不同地区电场强度的频率虽然服从总的变化规律，但也有很大的差别。

2.3　天然电磁场日变规律观测

　　大地电磁场并不是恒定的，而是变化的。这个场随季节和昼夜而变化，但只要掌握其变化规律,就完全可将它作为天然电法勘探的场源。天然电场选频法的场源是否与大地电磁测深法(MT)的场源完全相同,下面采用选频仪对此进行试验观测,以便了解天然场源的日变规律,指导我们今后的实践工作。

天然电场选频法有其特定的工作频率,为探讨天然电磁场的变化对选频法观测结果的影响,作者开展天然电磁场的日变规律观测试验。观测所使用的仪器为郑州星运仪器厂生产的 TR - 2 型天然电场选频仪,该仪器为指针型读数,频率选择旋钮共分 9 个挡位,分别为 15.7 Hz、23.6 Hz、71.8 Hz、129 Hz、213 Hz、320 Hz、640 Hz、980 Hz、1450 Hz 以及混频 10 个频率。主要观测参数为大地电磁场的电场水平分量,测量极距 MN 为 20 m。

试验内容主要分为三个方面,首先进行的是不同仪器同点同时刻观测,主要目的是验证仪器的一致性;第二步为不同仪器异点同时刻观测,主要目的是研究工作区的大地电磁场的变化特征;第三步为固定观测点 24 h 以上的日变观测[100]。试验的时间为 2012 年 7—10 月,试验的主要目的是研究大地电磁场的日变规律,以便指导今后的野外实践工作。

2.3.1 不同仪器同点同时观测

该次操作主要是检验两台不同仪器之间的一致性,为下面的异点同时刻测量作准备工作。地点选择在湖南科技大学南、北校区中间的新征地区域、图2－5所示的实验地点 1,该处远离电缆及电线等各种供电设备,以避免人为因素而带来的干扰。

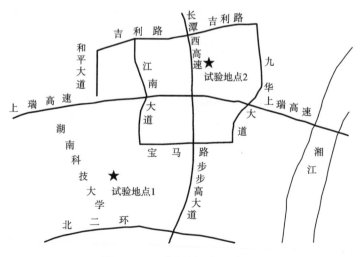

图 2 - 5　日变观测位置示意图

　　试验时间从 8:00 至 18:00,共计 10 h,期间每隔 20 min 记录各仪器各挡位的读数。试验对比两台仪器在各挡位的一致性,并计算出两台仪器的拟合度。图 2-6 为同点同时观测成果部分对比曲线图,反映的是频率为 15.7 Hz、129 Hz、320 Hz 以及混频挡的对比测试结果。其中,图中的实线和虚线分别为 1 号仪器、2 号仪器的观测结果。

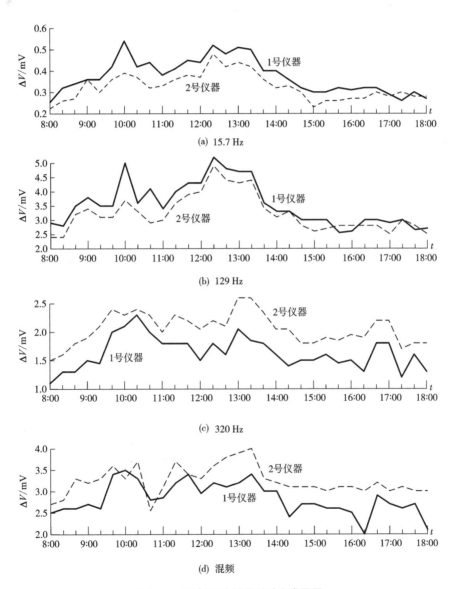

图 2-6　同点同时刻观测对比成果图

根据试验结果可知，在 15.7 Hz、129 Hz、320 Hz 频率挡时，两台仪器的曲线同步性较好，曲线相似度在 90% 以上，除了个别点曲线出现交叉现象外，两台仪器测试的日变规律现象几乎是相同的。混频挡曲线的同步性较差，其中 1 号仪器信号的起伏变化较大，2 号仪器的曲线稍平缓；这说明在野外勘探中，不同仪器对混频信号的响应差别大一些，实际工作中尽量不用该挡的信号来判定异常位置，或者是在今后的工作中能对仪器性能进行改进，尽量消除各种人文因素的影响。

2.3.2　不同仪器异点同时观测

异点同时观测试验时，两台选频仪相距约 3.2 km，观测时间从上午 8：00 至 18：00，读数间隔为 20 min，测量电极 MN 间距为 20 m。图 2-7 为异点同时观测部分成果对比曲线图，在此绘制的为 23.6 Hz、129 Hz、320 Hz、640 Hz 四个频率挡的测试结果。

本次操作选择两处不同的地点同时观测读数，1 号仪器位于试验地点 1，即湖南科技大学校园内；2 号仪器位于试验地点 2，即湘潭市九华工业园区东风本田 4S 店东北侧的山坡边，如图 2-5 所示。这两处地点的选择均远离电缆等供电设施的干扰。

观测结果示于图 2-7 中，实线、虚线分别对应 1 号仪器和 2 号仪器的观测结果。由于两个观测点处的背景场大小不同，为便于对比，1 号仪器观测结果的纵坐标轴对应于坐标系中的左侧实线轴，2 号仪器结果的纵坐标轴对应于坐标系中右侧的虚线轴，左右两侧纵轴的单位相同。

由图 2-7 可知，试验地点 2 的背景场大于地点 1 的背景场，左侧纵轴的数值大小也均大于右侧纵轴的数值标示，虚线一般都在实线之上。尽管试验地点不同，两处的观测仪器也不相同，但不同频率挡曲线的变化趋势大致相同；这说明天然电场选频法的场源在一定范围内，振幅、频率均保持一定，并且能够同时相互对比，这种对比性表明了它们的同源性特点。天然电场选频法在水文地质工程地质应用过程中，工作范围是非常有限的，特别是在地下水勘探中，由于建筑设施、征地范围的限制，有时场地大小只有几百平方米；在如此狭小的范围内，天然电场选频法的场源完全可当成一个均匀场。

虽然两台仪器在异点观测时曲线是同步的，但在某些个别观测时间点上有时两者也出现明显的差异，如 23.6 Hz 曲线的 10：20、129 Hz 的 12：00、320 Hz 的 17：40、640 Hz 的 13：40 处，观测结果相对于前后的数据而言，它们二者的变化规律是相反的。如果排除仪器本身误差以及人为操作因素的影响，作者认为这可能是由于局部人文因素（如工业电干扰）所致。

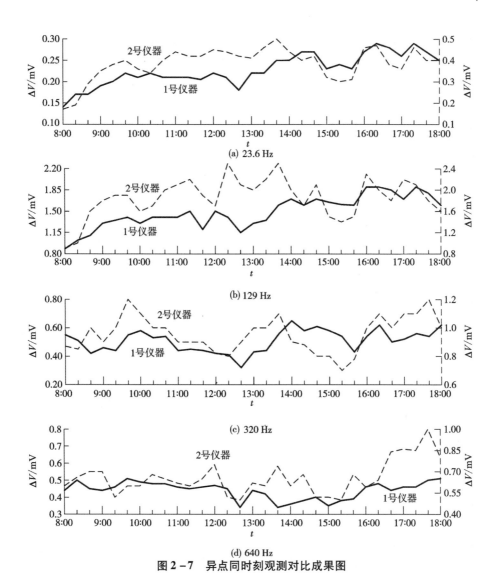

(a) 23.6 Hz

(b) 129 Hz

(c) 320 Hz

(d) 640 Hz

图 2 - 7　异点同时刻观测对比成果图

2.3.3　单点日变观测

24 h 以上的单点日变观测地点位于图 2 - 5 中的试验地点 1, 观测时间为第一天的 8：00 至第二天 16：00, 共计 32 h, 期间每隔 20 min 观测一次数据。图 2 - 8 即为日变规律观成果曲线图。

图 2 - 8(a) 至图 2 - 8(i) 依次为频率 15.7 Hz、23.6 Hz、71.8 Hz、129 Hz、213 Hz、320 Hz、640 Hz、980 Hz 和 1450 Hz 的日变观测曲线。为便于对比分析,

作者对第二天 8:00 ~ 16:00 的观测结果又重新绘制了一遍，图中带黑点的曲线即第二天的观测结果。另外，当第一天与第二 8:00 ~ 16:00 的观测结果有交叉重叠时，重新绘制的第二天 8:00 ~ 16:00 的观测结果采用虚线加黑点方式，这样更便于区分，见图 2 - 8(f) 至图 2 - 8(i)。

从图 2 - 8 可知，天然交变电磁场在 24 h 内变化幅度比较大，具有明显的波动性，各频率挡曲线的总体变化趋势具有一定的相似性，总体上日变曲线可分为两段，每天 8:00 至 21:00，电位曲线变化幅值相对较小，日变曲线相对平缓一些；而每天 21:00 至次日 8:00，即夜间时间段，日变曲线变化幅度较大，最大值与最小值之间可相差 10 倍以上。其中，每天早晨 6:20 或 6:40 左右的观测值最小。

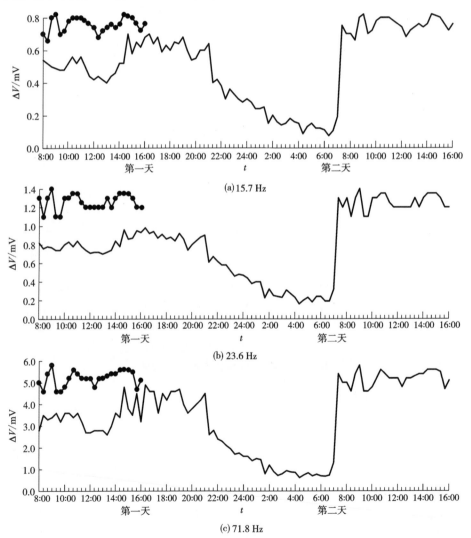

(a) 15.7 Hz

(b) 23.6 Hz

(c) 71.8 Hz

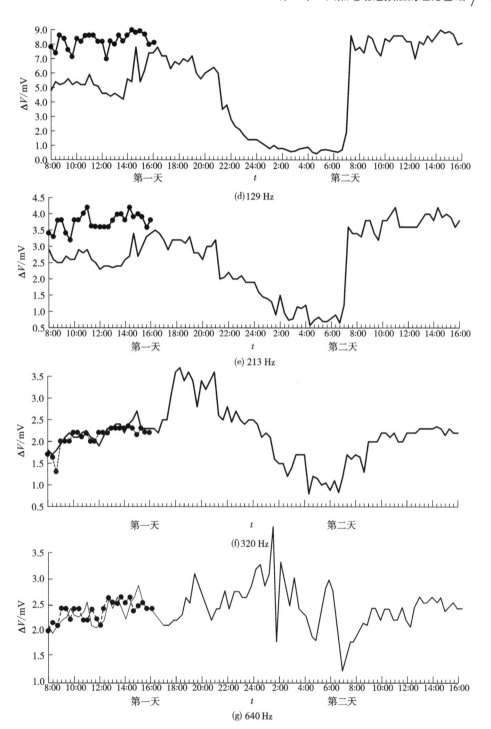

(d) 129 Hz

(e) 213 Hz

(f) 320 Hz

(g) 640 Hz

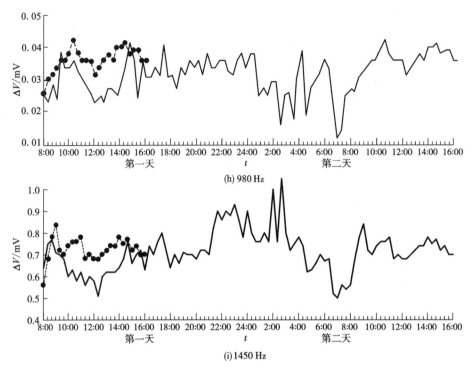

图 2 - 8　单点单台仪器日变观测成果图

从图 2 - 8(a)至图 2 - 8(i)依次对比可见，图 2 - 8(a)至图 2 - 8(e)中曲线的形态相似度较高，即相对低频 15.7 Hz、23.6 Hz、71.8 Hz、129 Hz、213 Hz 的观测结果变化规律相近；而图 2 - 8(g)至图 2 - 8(i)中相对高频 640 Hz、980 Hz 和 1450 Hz 的观测曲线形态的相似度较高；频率 320 Hz 的观测结果正好是这两类曲线形态的过渡，如图 2 - 8(f)所示。总体而言，夜间 21:00 至次日 7:00 的观测值整体上要小于白天的观测值，特别是几个低频挡(15.7 Hz、23.6 Hz、71.8 Hz、129 Hz、213 Hz)的日变结果显示该特征十分明显。这可能是由于夜深人静，太阳已经运行到了地球的另一面，人类的活动减少，机电设备、家用电器设备等的影响较小所致。

由以上分析可知，相对夜间而言，白天日变曲线变化相对平缓，这对天然电场选频法的野外勘探结果不会造成很大的影响，保证了异常曲线能真实地反映地下导电介质电性的变化。晚上 21:00 至次日 7:00，15.7 Hz、23.6 Hz、71.8 Hz、129 Hz、213 Hz 和 320 Hz 的日变曲线呈现总体的下降趋势[见图 2 - 8(a)至图 2 - 8(f)]；而高频挡 640 Hz、980 Hz 和 1450 Hz 的日变曲线则在 21:00 至 7:00 则呈现剧烈的波动，其波动的幅度远大于白天的波动幅度，如 640 Hz 在晚上 1:00 ~ 2：

00、980 Hz 在晚上 4:00 附近、1450 Hz 在 2:00～3:00 时间段振动的频率和变化的极值均较大[见图 2-8(g)至图 2-8(i)]。

在早晨 6:40～8:00 时间段内，各频率挡的日变曲线呈现剧烈的上升，特别是相对低频挡 15.7 Hz、23.6 Hz、71.8 Hz、129 Hz、213 Hz 的日变曲线，观测值上升了 10 倍左右甚至更多[见图 2-8(g)至图 2-8(e)]。剩下的 4 个高频挡日变曲线尽管变化缓慢一些，但仍然是逐渐上升的，且上升延续的时间加长，持续到 9:00 或 10:00 左右。日变曲线在此时间段呈现如此剧烈的变化，究其原因，作者认为这可能是由于人类活动所致。该时间段人们起床、上班，各种机械设备、家用电器设备等开始运转起来，"泄漏"出的电磁信号夹杂在天然场中，同时受日出等因素的影响，使得观测值逐渐增大。

另外，通过两天 8:00～16:00 日变观测结果的对比可知，它们起伏变化的形态大致相同，具有相似性(见图 2-8 中点画线与实线对比)，只是背景场的大小、起伏变化的幅度大小有些差别而已。这表明，尽管天然交变电磁场是波动的，但是其每天的日变曲线还是大致相同的，服从一定的规律性。

通过上述分析可知，在实践应用中，应尽可能在白天较短时间内完成数据采集。如果必须长时间操作，应尽可能不要在日变较剧烈的时段进行观测(例如，早晨 6:40～8:00)，同时要开展同步日变观测，以便对实测结果进行日变校正。日变校正可消除或压制由于天然交变电磁场本身的日变波动而引起的假异常，增加解释的合理性。

实践工作中，一般是在白天开展探测工作，白天日变曲线的变化相对平缓，且电法勘探一般考虑的是相对异常，所以，在天然电场选频法的实践工作中目前很少进行日变校正。但今后在天然电场选频法的实测工作中，还是应注意早、晚的日变变化，特别是早晨时间段，工作不要开展得太早。

第3章　断层接触带上选频法异常特征

　　天然电场选频法在地下水勘探中应用效果较好，但目前对该方法理论研究甚少。林君琴等曾从理论上研究了垂直岩脉上的天然电场选频法异常特征[9]，并进行模型实验，且先后在广西浪桥堡岩溶地区、南圩冠岩溶地下暗河区、湖南香花岭地下暗河区、吉林省放牛沟矿区、安徽铜陵新桥硫铁矿、江西列石山矿区、广东兰塘硫铁矿区、安徽双岭西矿区开展了野外试验，在这些地区都取得了明显的地质效果。

　　本章主要从理论与实践两方面研究断层接触带上天然电场选频法的异常特征[88]。根据经典的大地电磁测深法理论，从麦克斯韦方程组和边界条件出发，推导谐变大地电磁场在垂直断层上方的地面水平电场分量的解析计算式；然后对理论模型的各个参数进行假定，计算获得地表主剖面上水平电场强度分量曲线；最后将理论模型的模拟计算结果与实测曲线进行对比分析。

3.1　实践应用

　　多种地球物理方法在地下水勘探中都有过成功应用的实例[101]，而天然电场选频法在地下水勘探中具有其独特的优势。2009年湖南省炎陵县至江西井冈山睦村的高速公路在建设过程中，占用了炎陵县某小学的水井及水塔位置。为此，高速公路建设公司前期为学校重新在校园内打了一个约100 m深的钻探孔，但为干井，未找到水源。因此高速公路建设公司委托作者采用物探方法为其寻找最佳成井位置，工作范围限制在校区内及周边100 m范围内。该校址位于半山坡，工作区内有房屋，植被非常发育；高速公路当时正在施工建设中，常规电法在现场施工十分困难。为此，作者选用了施工较方便的天然电场选频法开展勘探工作。

　　工作区内的岩石主要为砂岩和花岗岩体，根据现场实际调查，红色砂岩有明显出露，而花岗岩体上部及与砂岩的接触带附近被第四系的黏土层覆盖，道路施工过程中揭露的个别点位上可见花岗岩体，根据上述地质情况以及对现场的分析，作者认为两种岩性的接触带上可能是赋水的有利位置。本次勘探所用仪器为DX-2天然电场选频仪，该仪器共5个挡位，探测频率分别为14.6 Hz、71.8 Hz、161 Hz、262 Hz、327 Hz和783 Hz，该仪器最大量程为100 mV。图3-1为2号测线的探测成果曲线图，其中点距为 5 m，极距 MN 为 20 m，电极 M、N 沿测线方向移动，测线方向与预计的岩性接触带大致垂直。

在图 3 - 1(a)中的剖面 40 m 之后，由于有些频率挡(14.6 Hz、161 Hz、262 Hz、327 Hz)的观测值远大于剖面前一段的观测值，故为了曲线图的美观，后面没有显示完整。另外，71.8 Hz 频率挡的观测结果相比其他挡位而言，观测值普遍偏高，所以单独成图[见图 3 - 1(b)]。而且，从剖面 50 m 往大号方向，观测结果均大于 100 mV，超出了仪器的量程，因此全部按 100 mV 绘图。

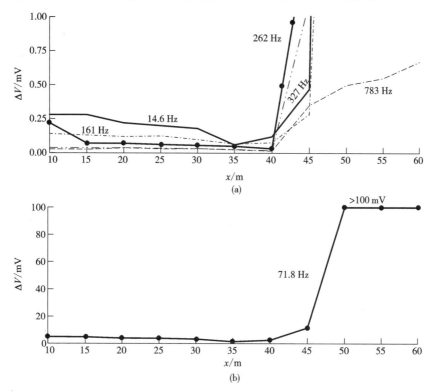

图 3 - 1　测线 2 选频法探测成果曲线图

由探测成果可知，在剖面距离 40 m 之后，各挡位的电位差明显增大，各频率挡的电位曲线均出现一个台阶式的跃升；特别是 71.8 Hz 挡的信号，在测线 50 m 位置之后，读数出现超量程现象，在该测线附近又未见有输电线干扰。在该测线55 m 之前地表为第四系土层覆盖，55 m 之后，地表明显出露红色砂岩，因此推测测线 40 m 附近的地下为花岗岩体与砂岩的接触带位置。据此设计的钻井位置为测线 37 m 处，钻井深度 85 m，在埋深约 40 m 之下有较丰富的地下水存在，出水量约为 300 t/d。这是天然电场选频法在寻找地下水的成功应用的实例。

3.2 在垂直断层上选频法异常特征

在非一维情况下，用解析方法求大地电磁场的严格数学解是难以做到的，即使在二维构造情况下，也仍然是非常困难的。到目前为止，只能对少数几何形状比较简单的二维构造进行解析求解。

为研究上述岩性接触带或断层，可在此用一个简单的二维垂直断层模型进行近似模拟研究[99, 102]。

根据经典的大地电磁测深理论，可将大地电磁场近似看成一个平面电磁波，其特性服从麦克斯韦方程组[见式(2-4)]。

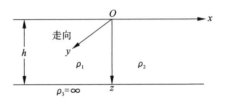

图 3 - 2　垂直断层模型及坐标系

假设有一个无限延伸(y方向)的垂直断层，断层两边介质的电阻率分别是ρ_1和ρ_2，这两种介质位于同一基底上，基底的表面是水平的，位于h深度处，设基底的电阻率为无穷大(见图3-2)。下面对 TE 和 TM 两种极化模式分别进行讨论，坐标系及地质模型如图3-2所示，设水平地面上垂直于断层面的方向为x轴方向，断层走向为y方向，z轴向下。电磁场随时间变化的因子是$e^{i\omega t}$，其中 i 为虚数单位，ω为圆频率，t为时间变量。

3.2.1 高阻基底 TE 极化

在 TE 极化情况下，电场只有$E_y(x, z)$分量，$E_x = E_z = 0$，磁场只有H_x、H_z分量。在实践应用中，目前天然电场选频仪的工作频率一般为 16 ~1500 Hz，这时可忽略位移电流的影响。当忽略位移电流时，由麦克斯韦方程组式(2-4)中的第一式，可得到

$$E_y = \frac{1}{\sigma}\left(\frac{\partial H_x}{\partial z} - \frac{\partial H_z}{\partial x}\right) \tag{3-1}$$

由麦克斯韦方程组的第二方程$\nabla \times \boldsymbol{E} = -i\omega\mu\boldsymbol{H}$，可得

$$\frac{\partial E_y}{\partial z} = i\omega\mu \cdot H_x, \qquad \frac{\partial E_y}{\partial x} = -i\omega\mu \cdot H_z$$

即

$$H_x = \frac{1}{i\omega\mu} \cdot \frac{\partial E_y}{\partial z} \tag{3-2}$$

$$H_z = -\frac{1}{i\omega\mu} \cdot \frac{\partial E_y}{\partial x} \tag{3-3}$$

将式(3-2)、式(3-3)代入式(3-1)，可得到

$$\frac{\partial^2 E_y}{\partial x^2} + \frac{\partial^2 E_y}{\partial z^2} = K^2 E_y \tag{3-4}$$

式中，$K = \sqrt{i\omega\mu\sigma}$。为书写方便，以下电场省略角标 y，把断层两侧的电场看成是由正常场和二次场组成的，即

$$E_1 = E_{y1} = E_1^0 + P_1 \tag{3-5}$$

$$E_2 = E_{y2} = E_2^0 + P_2 \tag{3-6}$$

式中，P_1、P_2 是由断层引起的二次电场；而 E_1^0、E_2^0 是不受断层影响的正常场，即看成是一维二层介质引起的场，它不随 x 变化，只与 z 有关，在介质 ρ_1 的一侧由式(3-4)可得

$$\frac{\partial^2 E_1^0}{\partial z^2} = i\omega\mu\sigma_1 E_1^0 \tag{3-7}$$

式(3-7)中，正常电场 E_1^0 的一般解为

$$E_1^0 = A_1 e^{\sqrt{i\omega\mu\sigma_1}z} + B_1 e^{-\sqrt{i\omega\mu\sigma_1}z} \tag{3-8}$$

式中，A_1、B_1 为常量系数。再由式(3-2)和式(3-8)可得正常磁场表达式

$$H_{1x}^0 = \frac{1}{i\omega\mu}(\sqrt{i\omega\mu\sigma_1} \cdot A_1 e^{\sqrt{i\omega\mu\sigma_1}z} - \sqrt{i\omega\mu\sigma_1} \cdot B_1 e^{-\sqrt{i\omega\mu\sigma_1}z}) \tag{3-9}$$

在地面上(即 $z = 0$)正常磁场为一常数，设为 H_0。由式(3-9)可得

$$\frac{\sqrt{i\omega\mu\sigma_1}}{i\omega\mu}(A_1 - B_1) = H_0 \tag{3-10}$$

在高阻基底表面及其中，磁场是常量；而根据极限条件，在无限深处磁场为零，所以在高阻基底表面($z = h$)磁场为零。根据这两个边界条件，由式(3-9)得

$$\frac{\sqrt{i\omega\mu\sigma_1}}{i\omega\mu}(A_1 e^{\sqrt{i\omega\mu\sigma_1}h} - B_1 e^{-\sqrt{i\omega\mu\sigma_1}h}) = 0 \tag{3-11}$$

设 $h_1 = \sqrt{\omega\mu\sigma_1}h$，则式(3-10)、式(3-11)可分别写成

$$\begin{cases} A_1 - B_1 = H_0 \sqrt{\dfrac{i\omega\mu}{\sigma_1}} & (3-12) \\[2mm] A_1 e^{\sqrt{i}h_1} - B_1 e^{-\sqrt{i}h_1} = 0 & (3-13) \end{cases}$$

求解式(3-12)、式(3-13)，可得到

$$A_1 = -H_0 \sqrt{\frac{i\omega\mu}{\sigma_1}} \cdot \frac{e^{-\sqrt{i}h_1}}{2\sinh(\sqrt{i}h_1)}$$

$$B_1 = -H_0 \sqrt{\frac{i\omega\mu}{\sigma_1}} \cdot \frac{e^{\sqrt{i}h_1}}{2\sinh(\sqrt{i}h_1)}$$

上两式中，sinh 为双曲正弦函数。同理，在介质 ρ_2 一侧，类似于式(3-8)，有

$$E_2^0 = A_2 \mathrm{e}^{\sqrt{i\omega\mu\sigma_2}z} + B_2 \mathrm{e}^{-\sqrt{i\omega\mu\sigma_2}z} \tag{3-14}$$

式中，$A_2 = -H_0 \sqrt{\dfrac{i\omega\mu}{\sigma_2}} \cdot \dfrac{\mathrm{e}^{-\sqrt{i}h_2}}{2\sinh(\sqrt{i}h_2)}$，$\quad B_2 = -H_0 \sqrt{\dfrac{i\omega\mu}{\sigma_2}} \cdot \dfrac{\mathrm{e}^{\sqrt{i}h_2}}{2\sinh(\sqrt{i}h_2)}$，而 $h_2 = \sqrt{\omega\mu\sigma_2}h$。

由断层引起的二次电场 P_1、P_2 也同样满足亥姆霍兹方程，在介质 ρ_1 一侧为

$$\frac{\partial^2 P_1}{\partial x^2} + \frac{\partial^2 P_1}{\partial z^2} = i\omega\mu\sigma_1 P_1 \tag{3-15}$$

因 y 方向无限延伸，P_1 是 x、z 的函数，用分离变量法，式(3-15)的解可写为

$$P_1 = \sum_{n=1}^{\infty} f_n(x) g_n(z) \tag{3-16}$$

由于在地表上($z=0$)和基底表面上($z=h$)的磁场为常数，而在离断层无限远处磁场为正常场，即二次场为零，所以在地表和基底表面这两个平面上二次磁场处处为零，也就是说在这两个平面上二次电场为常量，于是 $g_n(z)$ 可写成自变量为 $n\pi z/h$ 的余弦级数形式

$$g_n(z) = \cos\left(\frac{n\pi z}{h}\right)$$

则式(3-16)变为

$$P_1 = \sum_{n=1}^{\infty} f_n(x) \cos\left(\frac{n\pi z}{h}\right) \tag{3-17}$$

将式(3-17)代入式(3-15)，得到

$$\frac{\mathrm{d}^2 f_n(x)}{\mathrm{d}x^2} - \frac{n^2\pi^2}{h^2} f_n(x) = i\frac{h_1^2}{h^2} f_n(x)$$

上式的解的一般形式为

$$f_n(x) = a_{1n} \mathrm{e}^{\pm\sqrt{n^2\pi^2+ih_1^2}\cdot x/h} \tag{3-18}$$

因距断层无穷远处($x \to -\infty$)，二次场为零，所以式(3-18)中的指数只取正号

$$f_n(x) = a_{1n} \mathrm{e}^{\sqrt{n^2\pi^2+ih_1^2}\cdot x/h}$$

将上式代入式(3-17)，得

$$P_1 = \sum_{n=1}^{\infty} a_{1n} \cdot \cos\left(\frac{n\pi z}{h}\right) \cdot \mathrm{e}^{\sqrt{n^2\pi^2+ih_1^2}\cdot x/h} \tag{3-19}$$

同理，在介质 ρ_2 一侧，应有

$$P_2 = \sum_{n=1}^{\infty} a_{2n} \cdot \cos\left(\frac{n\pi z}{h}\right) \cdot \mathrm{e}^{-\sqrt{n^2\pi^2+ih_2^2}\cdot x/h} \tag{3-20}$$

下面利用边界条件确定式(3-19)、式(3-20)中的系数 a_{1n} 和 a_{2n}。在断层面 $x=0$ 处电场切向分量应连续

$$E_1\big|_{x=0}=E_2\big|_{x=0}$$

由式(3-5)、式(3-6)得到 $(E_1^0+P_1)\big|_{x=0}=(E_2^0+P_2)\big|_{x=0}$

即

$$(P_1-P_2)\big|_{x=0}=(E_2^0-E_1^0)\big|_{x=0} \tag{3-21}$$

将式(3-19)、式(3-20)代入式(3-21)，可知 $E_2^0-E_1^0$ 也必为余弦级数形式

$$E_2^0-E_1^0=\sum_{n=1}^{\infty}(a_{1n}-a_{2n})\cos\left(\frac{n\pi z}{h}\right)=\sum_{n=1}^{\infty}b_n\cos\left(\frac{n\pi z}{h}\right) \tag{3-22}$$

由余弦级数理论可知 $b_n=\dfrac{2}{h}\displaystyle\int_0^h(E_2^0-E_1^0)\cos\left(\frac{n\pi z}{h}\right)\mathrm{d}z$，将式(3-8)、式 (3-14)代入式(3-22)，经积分得到

$$a_{1n}-a_{2n}=2H_0h\omega\mu\frac{h_1^2-h_2^2}{(ih_2^2+n^2\pi^2)\cdot(ih_1^2+n^2\pi^2)} \tag{3-23}$$

另外，在 $x=0$ 的界面上磁场切线分量连续，则有

$$H_{1z}\big|_{x=0}=H_{2z}\big|_{x=0}$$

由式(3-3)：$H_z=-\dfrac{1}{i\omega\mu}\cdot\dfrac{\partial E_y}{\partial x}$，则有 $\left(-\dfrac{1}{i\omega\mu}\cdot\dfrac{\partial E_1}{\partial x}\right)\Big|_{x=0}=\left(-\dfrac{1}{i\omega\mu}\cdot\dfrac{\partial E_2}{\partial x}\right)\Big|_{x=0}$

即

$$\left(\frac{\partial}{\partial x}(E_1^0+P_1)\right)\Big|_{x=0}=\left(\frac{\partial}{\partial x}(E_2^0+P_2)\right)\Big|_{x=0}$$

因 E_1^0、E_2^0 与 x 无关，所以有 $(\partial P_1/\partial x)\big|_{x=0}=(\partial P_2/\partial x)\big|_{x=0}$，将式(3-19)、式 (3-20)代入上式，得到

$$a_{1n}\sqrt{n^2\pi^2+ih_1^2}+a_{2n}\sqrt{n^2\pi^2+ih_2^2}=0 \tag{3-24}$$

对方程式(3-23)、式(3-24)联立求解，可得

$$a_{1n}=2H_0h\omega\mu\frac{h_1^2-h_2^2}{(ih_1^2+n^2\pi^2)\cdot(ih_2^2+n^2\pi^2)\cdot\left(1+\dfrac{\sqrt{n^2\pi^2+ih_1^2}}{\sqrt{n^2\pi^2+ih_2^2}}\right)}$$

$$a_{2n}=2H_0h\omega\mu\frac{h_2^2-h_1^2}{(ih_2^2+n^2\pi^2)\cdot(ih_1^2+n^2\pi^2)\cdot\left(1+\dfrac{\sqrt{n^2\pi^2+ih_2^2}}{\sqrt{n^2\pi^2+ih_1^2}}\right)}$$

所以，介质 ρ_1 一侧地面电场为

$$E_{y1}=(E_1^0+P_1)\big|_{z=0}=-H_0\sqrt{\frac{i\omega\mu}{\sigma_1}}\mathrm{cth}(\sqrt{i}\cdot h_1)+H_02h\omega\mu\cdot(h_1^2-h_2^2)\cdot U_1 \tag{3-25}$$

其中

$$U_1 = \sum_{n=1}^{\infty} \frac{e^{-\sqrt{n^2\pi^2 + ih_1^2} \cdot |x|/h}}{(ih_1^2 + n^2\pi^2) \cdot (ih_2^2 + n^2\pi^2) \cdot \left(1 + \frac{\sqrt{n^2\pi^2 + ih_1^2}}{\sqrt{n^2\pi^2 + ih_2^2}}\right)}$$

式中，cth 为双曲余切函数。

介质 ρ_1 一侧地面阻抗为

$$Z_1 = -\sqrt{\frac{i\omega\mu}{\sigma_1}}\mathrm{cth}(\sqrt{i} \cdot h_1) + 2h\omega\mu \cdot (h_1^2 - h_2^2) \cdot U_1$$

$$= \omega\mu \cdot h\left[-\frac{\sqrt{i}}{h_1}\mathrm{cth}(\sqrt{i} \cdot h_1) + 2(h_1^2 - h_2^2) \cdot U_1\right] \qquad (3-26)$$

同理，将式 (3-25)、式 (3-26) 中的脚 1、2 互换，即得到介质 ρ_2 一侧地面电场 E_{y2}、地面阻抗 Z_2 计算式

$$E_{y2} = (E_2^0 + P_2)\big|_{z=0} = -H_0\sqrt{\frac{i\omega\mu}{\sigma_2}}\mathrm{cth}(\sqrt{i} \cdot h_2) + H_0 2h\omega\mu(h_2^2 - h_1^2) \cdot U_2 \quad (3-27)$$

其中

$$U_2 = \sum_{n=1}^{\infty} \frac{e^{-\sqrt{n^2\pi^2 + ih_2^2} \cdot |x|/h}}{(ih_2^2 + n^2\pi^2) \cdot (ih_1^2 + n^2\pi^2) \cdot \left(1 + \frac{\sqrt{n^2\pi^2 + ih_2^2}}{\sqrt{n^2\pi^2 + ih_1^2}}\right)}$$

$$Z_2 = \omega\mu \cdot h\left[-\frac{\sqrt{i}}{h_2}\mathrm{cth}(\sqrt{i} \cdot h_2) + 2(h_2^2 - h_1^2) \cdot U_2\right] \qquad (3-28)$$

大地电磁测深法中，最后可再由下式求视电阻率 ρ_s 和相位 θ:

$$\rho_s = \frac{1}{\omega\mu}|Z|^2, \qquad \theta = \arctan^{-1}\left(\frac{I_m(z)}{R_e(z)}\right)$$

3.2.2 高阻基底 TM 极化

假设电场方向垂直于断层构造的轴向，且在距离断层足够远处大地电流层是水平均匀的，磁场则平行于构造轴的方向，此即所谓的磁场平行极化方式，也称为 TM 极化方式。在 TM 极化情况下，如图 3-2 所示模型，此时磁场只有 H_y 分量，且 H_y 是 x、z 的函数，而 $H_x = H_z = 0$；此时电场只有 E_x、E_z 分量，$E_y = 0$。

同样，假设电磁场随时间变化的因子是 $e^{i\omega t}$，由于构造的对称性，$E_y = 0$，则电场的各分量相对 y 的偏导数皆为零。根据关系式 $\nabla \times \mathbf{E} = -\partial\mathbf{B}/\partial t$，且考虑到

$$\frac{\partial E_y}{\partial x} - \frac{\partial E_x}{\partial y} = 0, \qquad \frac{\partial E_z}{\partial y} - \frac{\partial E_y}{\partial z} = 0$$

故 $H_x = H_z = 0$，即磁场只有平行于断层走向方向的分量 H_y，可视为一标量，表示

成 H；由于在地面上导电率为零，且电流垂直分量连续，根据 $\nabla \times \boldsymbol{H} = \boldsymbol{j} + \dfrac{\partial \boldsymbol{D}}{\partial t}$ 有

$$\frac{\partial H_y}{\partial x} = 0$$

就是说 H 平行于极化方式时，在地面上磁场是一个常矢量，其方向和大小都是不随空间位置而变化的。在空中导电率为零，所以不可能存在强度不为零的电流密度。由此得出结论，在整个空中磁场都为常量。

在电磁场变化频率够低、可以忽略位移电流的作用时，由麦克斯韦方程组可以导出如下的亥姆霍兹方程式：

$$\nabla^2 \boldsymbol{H} = i\omega\mu\sigma \boldsymbol{H} \tag{3-29}$$

设把断层两侧的磁场都看成是由正常场和二次场两部分组成的，即

$$H_1 = H_1^0 + P_1, \qquad H_2 = H_2^0 + P_2 \tag{3-30}$$

式中，正常场 H_1^0 和 H_2^0 分别表示在断层两侧无限远、已不受断层影响处的磁场强度，在该处可视为一维层状构造，磁场已不随 x 变化。于是由式（3-29）有

$$\frac{\partial^2 \boldsymbol{H}}{\partial z^2} = i\omega\mu\sigma \boldsymbol{H}$$

上式在电阻率为 ρ_1 一侧的一般解为：

$$H_1^0 = A_1 e^{\sqrt{i\omega\mu\sigma_1}z} + B_1 e^{-\sqrt{i\omega\mu\sigma_1}z} \tag{3-31}$$

式中，A_1、B_1 为常量系数。

上面讨论过，在地面上 $z = 0$ 处，磁场是一常量，假设表示成 H_0，于是由式（3-31）有

$$A_1 + B_1 = H_0 \tag{3-32}$$

由于基底的导电率和空中一样也为零，所以遵循上面相同的思路可以证明，在高阻基底表面和其中，磁场也应当是不变的。根据极限条件，在无限深处磁场应当趋于零。又考虑到高阻基底中磁场是常量，由此导出如下结论：在高阻基底表面上磁为零，代入式（3-31），可得到

$$A_1 e^{\sqrt{i\omega\mu\sigma_1}h} + B_1 e^{-\sqrt{i\omega\mu\sigma_1}h} = 0$$

设

$$\sqrt{\omega\mu\sigma_1}\,h = h_1, \quad \sqrt{\omega\mu\sigma_2}\,h = h_2 \tag{3-33}$$

于是上式变成

$$A_1 e^{\sqrt{i}h_1} + B_1 e^{-\sqrt{i}h_1} = 0 \tag{3-34}$$

联立解式（3-32）及式（3-34），得到

$$A_1 = -H_0 \cdot \frac{e^{-\sqrt{i}h_1}}{2\sinh(\sqrt{i}h_1)}, \qquad B_1 = H_0 \cdot \frac{e^{\sqrt{i}h_1}}{2\sinh(\sqrt{i}h_1)} \tag{3-35}$$

同理，在电阻率为 ρ_2 一侧相应有

$$H_2^0 = A_2 e^{\sqrt{i\omega\mu\sigma_2}z} + B_1 e^{-\sqrt{i\omega\mu\sigma_2}z} \qquad (3-36)$$

其中

$$A_2 = -H_0 \cdot \frac{e^{-\sqrt{i}h_2}}{2\sinh(\sqrt{i}h_2)}, \qquad B_2 = H_0 \cdot \frac{e^{\sqrt{i}h_2}}{2\sinh(\sqrt{i}h_2)} \qquad (3-37)$$

由断层的存在引起的二次场 P 也应满足亥姆霍兹方程，在电阻率为 ρ_1 的一侧有

$$\frac{\partial^2 P_1}{\partial x^2} + \frac{\partial^2 P_1}{\partial z^2} = i\omega\mu\sigma_1 P_1 = i\frac{h_1^2}{h^2}P_1 \qquad (3-38)$$

考虑到断层沿 y 方向是无限延伸的，故可认为二次场 P_1 只与 x、z 两个变量有关。式(3-38)的解可写成如下的形式

$$f_n(x) = g_n(z)$$

由于地面上($z=0$)和基底表面上($z=h$)的磁场为常量，而在这两个平面上距断层无穷远处磁场为正常场，即二次场为零，所以可推论出：在这两个平面上二次场处处为零。这样 $g_n(z)$ 可以写成自变量为 $n\pi z/h$ 的 z 的正弦函数的形式，即

$$g_n(z) = \sin(n\pi z/h)$$

于是式(3-38)的解的形式为：$f_n(x) = \sin(n\pi z/h)$，将其代入式(3-38)并化简后得到

$$\frac{d^2 f_n(x)}{dx^2} - \frac{n^2\pi^2}{h^2}f_n(x) = i\frac{h_1^2}{h^2}f_n(x)$$

上式的解为

$$f_n(x) = a_{1n} e^{\pm\sqrt{n^2\pi^2 + ih_1^2}\cdot x/h}$$

考虑到在距断层无穷远处磁场应为正常场，二次场为零，所以应满足当 $x \to -\infty$ 时解为零的条件，于是 $f_n(x)$ 应取如下形式：

$$f_n(x) = a_{1n} e^{\sqrt{n^2\pi^2 + ih_1^2}\cdot x/h}$$

由此得到的二次场的一般解为

$$P_1 = \sum_{n=1}^{\infty} a_{1n} \cdot \sin\left(\frac{n\pi z}{h}\right) \cdot e^{\sqrt{n^2\pi^2 + ih_1^2}\cdot x/h} \qquad (3-39)$$

相应地，在电阻率为 ρ_2 的一侧二次场的解为

$$P_2 = \sum_{n=1}^{\infty} a_{2n} \cdot \sin\left(\frac{n\pi z}{h}\right) \cdot e^{-\sqrt{n^2\pi^2 + ih_2^2}\cdot x/h} \qquad (3-40)$$

为确定式(3-39)及式(3-40)中的系数 a_{1n} 和 a_{2n}，要利用断层面($x=0$ 处)两侧电磁场切线分量连续的条件。由于前面已经证明过 H_x 及 H_z 分量皆为零，即磁场只平行于断层面方向的分量，所以它在断层面上应是连续的，即要求

$$H_1 \big|_{x=0} = H_2 \big|_{x=0}$$

由于 $H_1 = H_1^0 + P_1$，$\quad H_2 = H_2^0 + P_2$。于是在 $x = 0$ 处要求：

$$H_1^0 + P_1 = H_2^0 + P_2$$

或

$$P_1 - P_2 = H_2^0 - H_1^0 \tag{3-41}$$

由于在 $z = 0$ 和 $z = h$ 平面内磁场为常量，所以在该两平面内 $H_2^0 - H_1^0$ 为零。这样，它也可展成如下形式的自变量为 $n\pi z/h$ 的正弦级数：

$$H_2^0 - H_1^0 = \sum_{n=1}^{\infty} b_n \sin\left(\frac{n\pi z}{h}\right) \tag{3-42}$$

其中

$$b_n = \frac{2}{h} \int_0^h (H_2^0 - H_1^0) \sin\left(\frac{n\pi z}{h}\right) \mathrm{d}z$$

将式(3-31)、式(3-35)、式(3-36)和式(3-37)中 H_1^0 和 H_2^0 的解代入上式后，求得

$$b_n = 2\pi \cdot iH_0(h_1^2 - h_2^2) \frac{n}{(ih_2^2 + n^2\pi^2) \cdot (ih_1^2 + n^2\pi^2)} \tag{3-43}$$

将式(3-39)、式(3-40)和式(3-42)代入式(3-41)，并取 $x = 0$ 后得到

$$\sum_{n=1}^{\infty} (a_{1n} - a_{2n}) \sin\frac{n\pi z}{h} = \sum_{n=1}^{\infty} b_n \cdot \sin\frac{n\pi z}{h}$$

化简后并令逐项相等，于是有

$$a_{1n} - a_{2n} = b_n \tag{3-44}$$

在断层面处除了磁场切线分量连续的条件外，还有电场的切线分量 E_x 应是连续的，即应有

$$\rho_1 \frac{\partial(H_1^0 + P_1)}{\partial x} \bigg|_{x=0} = \rho_2 \frac{\partial(H_2^0 + P_2)}{\partial x} \bigg|_{x=0}$$

由于正常场部分 H_1^0 和 H_2^0 都与 x 无关，所以上式实际上可以写成

$$\rho_1 \frac{\partial P_1}{\partial x} \bigg|_{x=0} = \rho_2 \frac{\partial P_2}{\partial x} \bigg|_{x=0} \tag{3-45}$$

将式(3-39)和式(3-40)代入式(3-45)，同样使其逐项相等，经整理后有

$$a_{1n} \sqrt{n^2\pi^2 + ih_1^2}/h_1^2 + a_{2n} \sqrt{n^2\pi^2 + ih_2^2}/h_2^2 = 0 \tag{3-46}$$

联立式(3-44)和式(3-46)，并代入式(3-43)，求解系数 a_{1n} 和 a_{2n} 后得到

$$a_{1n} = \frac{2\pi iH_0 n(h_1^2 - h_2^2)}{(ih_1^2 + n^2\pi^2) \cdot (ih_2^2 + n^2\pi^2) \cdot \left(1 + \dfrac{h_2^2}{h_1^2} \dfrac{\sqrt{n^2\pi^2 + ih_1^2}}{\sqrt{n^2\pi^2 + ih_2^2}}\right)} \tag{3-47}$$

$$a_{2n} = -\frac{2\pi iH_0 n(h_1^2 - h_2^2)}{(ih_2^2 + n^2\pi^2)\cdot(ih_1^2 + n^2\pi^2)\cdot\left(1 + \dfrac{h_1^2}{h_2^2}\dfrac{\sqrt{n^2\pi^2 + ih_2^2}}{\sqrt{n^2\pi^2 + ih_1^2}}\right)} \qquad (3-48)$$

电场水平分量 E_x 可由关系式(3-49)求出：

$$E_{ix} = -\rho_i\frac{\partial H_i}{\partial z} = -\rho_i\frac{\partial(H_i^0 + P_i)}{\partial z}，\ (i = 1\ \text{或}\ 2) \qquad (3-49)$$

在电阻率为 ρ_1 的介质一侧，将式(3-31)、式(3-35)、式(3-39)及式(3-47)代入式(3-49)，求得地面上的电场水平分量 E_{x1} 的表达式：

$$E_{x1}\big|_{z=0} = H_0\sqrt{\frac{i\omega\mu}{\sigma_1}}\mathrm{cth}(\sqrt{i}\cdot h_1) + \rho_1\frac{H_0}{h}2i\pi^2(h_1^2 - h_2^2)\cdot V_1 \qquad (3-50)$$

其中

$$V_1 = \sum_{n=1}^{\infty}\frac{n^2\cdot e^{-\sqrt{n^2\pi^2 + ih_1^2}\cdot|x|/h}}{(ih_2^2 + n^2\pi^2)\cdot(ih_1^2 + n^2\pi^2)\cdot\left(1 + \dfrac{h_2^2}{h_1^2}\dfrac{\sqrt{n^2\pi^2 + ih_1^2}}{\sqrt{n^2\pi^2 + ih_2^2}}\right)}$$

在电阻率为 ρ_2 的一侧，为求得电场水平分量 E_{x2} 和 V_2 的表达式，只需将式(3-50)和 V_1 中下角标 1 与 2 互换即可

$$E_{x2}\big|_{z=0} = H_0\sqrt{\frac{i\omega\mu}{\sigma_2}}\mathrm{cth}(\sqrt{i}\cdot h_2) + \rho_2\frac{H_0}{h}2i\pi^2(h_2^2 - h_1^2)\cdot V_2 \qquad (3-51)$$

其中

$$V_2 = \sum_{n=1}^{\infty}\frac{n^2\cdot e^{-\sqrt{n^2\pi^2 + ih_2^2}\cdot|x|/h}}{(ih_2^2 + n^2\pi^2)\cdot(ih_1^2 + n^2\pi^2)\cdot\left(1 + \dfrac{h_1^2}{h_2^2}\dfrac{\sqrt{n^2\pi^2 + ih_2^2}}{\sqrt{n^2\pi^2 + ih_1^2}}\right)}$$

至此，可求得在电阻率为 ρ_1 的介质一侧地面上电场和磁场水平分量的比值，即表面阻抗为

$$Z_{(1)} = \frac{E_{x1}}{H_0} = \frac{\omega\mu\cdot h}{h_1^2}\left[-\sqrt{i}\cdot h_1\frac{1 + i\cdot\tanh(h_1/\sqrt{2})\cdot\tan(h_1/\sqrt{2})}{\tanh(h_1/\sqrt{2}) + i\cdot\tan(h_1/\sqrt{2})} + 2\pi^2 i\cdot(h_1^2 - h_2^2)\cdot V_1\right]$$

上式中，$\tanh$ 为双曲正切函数。同理，可求得在电阻率为 ρ_2 的介质一侧阻抗表达式为

$$Z_{(2)} = \frac{E_{x2}}{H_0} = \frac{\omega\mu\cdot h}{h_2^2}\left[-\sqrt{i}\cdot h_2\frac{1 + i\cdot\tanh(h_2/\sqrt{2})\cdot\tan(h_2/\sqrt{2})}{\tanh(h_2/\sqrt{2}) + i\cdot\tan(h_2/\sqrt{2})} + 2\pi^2 i\cdot(h_2^2 - h_1^2)\cdot V_2\right]$$

3.2.3　基底为理想导体的情况

基底为理想导体，也就是图 3-2 中的 $\rho_3 = 0$ 时，采用类似于前面基底为高阻

情况的推导过程，同样可分别得到 TM 极化模式、TE 极化模式时地面的电场水平分量计算式。

1. TE 极化模式

在此不做详细推导，仅给出推导结果。推导过程中须注意的是：在导体表面$(z=h)$时不是磁场为零，而是电场为零。地面电场为常量，根据相对 $z=h$ 平面的对称性，将深度扩展两倍，这样在地面和 $z=2h$ 处电场均为常量，于是可用自变量为$\dfrac{n\pi z}{2h}$的余弦级数来表示。因要满足 $z=h$ 处的电场为零，所以 n 只能取奇数。

采用与高阻基底类似的推导，可得 ρ_1 介质一侧水平电场分量的表达式为：

$$E_{y1} = \omega\mu \cdot H_0\left[-\sqrt{i}\frac{h}{h_1}\tanh(\sqrt{i}\cdot h_1) + 32(h_1^2 - h_2^2)\cdot h \cdot U_1'\right] \qquad (3-52)$$

其中

$$U_1' = \sum_{n=0}^{\infty} \frac{e^{-\sqrt{(2n+1)^2\pi^2 + i\cdot 4h_1^2}|x|/2h}}{[i\cdot 4h_1^2 + (2n+1)^2\pi^2]\cdot[i\cdot 4h_2^2 + (2n+1)^2\pi^2]\cdot\left(1 + \dfrac{\sqrt{(2n+1)^2\pi^2 + i\cdot 4h_1^2}}{\sqrt{(2n+1)^2\pi^2 + i\cdot 4h_2^2}}\right)}$$

同理，ρ_2 介质一侧水平电场分量的表达式为：

$$E_{y2} = \omega\mu \cdot H_0\left[-\sqrt{i}\frac{h}{h_2}\tanh(\sqrt{i}\cdot h_2) + 32(h_2^2 - h_1^2)\cdot h \cdot U_2'\right] \qquad (3-53)$$

其中

$$U_2' = \sum_{n=0}^{\infty} \frac{e^{-\sqrt{(2n+1)^2\pi^2 + i\cdot 4h_1^2}|x|/2h}}{[i\cdot 4h_2^2 + (2n+1)^2\pi^2]\cdot[i\cdot 4h_1^2 + (2n+1)^2\pi^2]\cdot\left(1 + \dfrac{\sqrt{(2n+1)^2\pi^2 + i\cdot 4h_2^2}}{\sqrt{(2n+1)^2\pi^2 + i\cdot 4h_1^2}}\right)}$$

2. TM 极化

ρ_1 介质一侧水平电场分量的表达式为：

$$E_{x1}\big|_{z=0} = \frac{\omega\mu \cdot hH_0}{h_1^2}\left[-\sqrt{i}\cdot h_1\frac{\tanh(h_1/\sqrt{2}) + i\tan(h_1/\sqrt{2})}{1 + i\cdot\tanh(h_1/\sqrt{2})\tan(h_1/\sqrt{2})} + 8i\pi^2(h_1^2 - h_2^2)\cdot V_1'\right] \qquad (3-54)$$

其中

$$V_1' = \sum_{n=0}^{\infty} \frac{(2n+1)^2 e^{-\sqrt{(2n+1)^2\pi^2 + 4ih_1^2}|x|/2h}}{[(2n+1)^2\pi^2 + 4ih_1^2]\cdot[(2n+1)^2\pi^2 + 4ih_2^2]\cdot\left(1 + \dfrac{h_2^2}{h_1^2}\dfrac{\sqrt{(2n+1)^2\pi^2 + 4ih_1^2}}{\sqrt{(2n+1)^2\pi^2 + 4ih_2^2}}\right)}$$

ρ_2 介质一侧水平电场分量的表达式为：

$$E_{x2}\big|_{z=0} = \frac{\omega\mu \cdot hH_0}{h_2^2}\left[-\sqrt{i}\cdot h_2\frac{\tanh(h_2/\sqrt{2}) + i\tan(h_2/\sqrt{2})}{1 + i\cdot\tanh(h_2/\sqrt{2})\tan(h_2/\sqrt{2})} + 8i\pi^2(h_2^2 - h_1^2)\cdot V_2'\right] \qquad (3-55)$$

其中

$$V_2' = \sum_{n=0}^{\infty} \frac{(2n+1)^2 e^{-\sqrt{(2n+1)^2\pi^2 + 4ih_1^2}|x|/2h}}{[(2n+1)^2\pi^2 + 4ih_2^2]\cdot[(2n+1)^2\pi^2 + 4ih_1^2]\cdot\left(1 + \dfrac{h_1^2}{h_2^2}\dfrac{\sqrt{(2n+1)^2\pi^2 + 4ih_2^2}}{\sqrt{(2n+1)^2\pi^2 + 4ih_1^2}}\right)}$$

3.2.4　模拟计算

前面第一章绪论中已经介绍过，天然电场选频法在野外实测中有 3 种方法，分别为：①平行移动法：电极 M、N 沿测线移动，MN 的中点 O 为记录点；②垂直观测法：电极 M、N 两点的连线垂直于测线移动；③正交观测法：就是前两种方法的组合，M、N 沿测线方向测出 $\Delta V_S^{\parallel}$，然后 MN 垂直于测线测出 $\Delta V_S^{\perp}$，最后取 $\Delta V_S^{\parallel}$ 与 $\Delta V_S^{\perp}$ 的平均值作为 MN 中点 O 的勘探结果。

根据上述的理论分析可知，如果野外测线垂直于断层的走向，这时测得的 $\Delta V_S^{\parallel}$ 就相当于 TM 极化情况下的 E_{x1} 或 E_{x2}［见式（3 – 50）、式（3 – 51）］，现场测得的 $\Delta V_S^{\perp}$ 就相当于 TE 极化情况下的 E_{y1} 或 E_{y2}［见式（3 – 25）、式（3 – 27）］。众所周知，天然的电磁场源是十分复杂的，对于上述垂直断层的极化也是各种模式并存，因此在垂直于断层方向和平行于断层方向均能测到断层引起的二次电场。

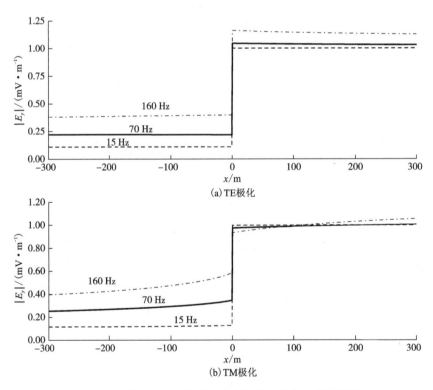

图 3 – 3　高阻基底垂直断层的天然电场水平分量正演曲线图

由图 3 – 2 中的地质地球物理模型，假定 ρ_1 为 100 $\Omega \cdot m$，ρ_2 为 1000 $\Omega \cdot m$，h 为 1000 m；同时假定 H_0 为 10^{-3} A/m；不考虑介质的磁性，即 $\mu = \mu_0$。根据前面

的理论计算式(3 - 25)、式(3 - 27)和式(3 - 50)、式(3 - 51),可算得地表主剖面上的天然电场水平分量的变化曲线。图 3 - 3(a)、图 3 - 3(b)分别为 TE 极化模式和 TM 极化模式下,地面上电场强度水平分量的正演曲线;其中,点划线、实线和虚线分别表示频率为 160 Hz、70 Hz 和 15 Hz 时的计算结果。由理论正演计算曲线图可知,在岩性或断层接触带上方,电场强度曲线出现十分明显的跳跃现象,高阻体一侧的电场强度大小明显大于低阻体一侧的电场强度,这与野外实测曲线(见图 3 - 1)的变化特征基本相同;另外,两种极化方式下曲线变化的总体特征也基本相同,电场强度大小随着频率的增大而增大。

TE 极化模式中的电场强度 E_y 在低阻 ρ_1 介质一侧随着与接触带距离的靠近,存在缓慢的递增趋势,而在高阻 ρ_2 介质一侧随着与接触带距离的增大 E_y 有不明显的递减趋势[见图 3 - 3(a)]。TM 极化模式中的 E_x 幅值在 ρ_1 一侧随着与接触带距离的靠近,有明显的递增趋势;而在 ρ_2 一侧随距离 x 增大也有明显递增趋势[见图 3 - 3(b)]。

图 3 - 2 中,ρ_1、ρ_2 的取值与前面相同,当基底为良导体($\rho_3 = 0$)时,利用式(3 - 52)~式(3 - 55)也可获得地表电场强度水平分量的变化曲线如图 3 - 4 所示。曲线的总体变化趋势与高阻基底的情况相似,在接触带处发生跳跃。但 TE 极化时,15 Hz 的曲线在接触面上跳跃的幅度很小,且 E_y 沿 x 轴的正向一直增大,见图 3 - 4(a)所示。而在 TM 极化时,在 ρ_1 介质一侧,随着离接触带距离的靠近,E_x 递减;在 ρ_2 介质一侧,随着离接触带距离的增大,E_x 递增。这些细节性的变化趋势与高阻基底的情况是有所不同的。另外,在良导性基底的情况下,不管是 TE 极化模式还是 TM 极化模式,随着频率的增大,电场曲线在接触面上跳跃的幅度明显增高,台阶差越来越大。

3.3　在岩脉上的选频法异常特征

本节讨论一个走向上(y 方向)无限延伸的垂直岩脉地质模型,如图 3 - 5 地质模型所示。为推导方便假设其下部基地电阻率 ρ_3 为 ∞ 或 0,基底表面是水平的,埋藏深度为 h;岩脉的电阻率为 ρ_1,宽度为 L;岩脉两边介质的电阻率为 ρ_2。下面分两类四种情况进行讨论[99, 102]。

3.3.1　TE 极化

1. TE 极化高阻基底岩脉

由于在 TE 极化情况下,电场只有 E_y 分量,磁场只有 H_x、H_z 分量,电场 E_y 是 x、z 的函数。由麦克斯韦方程组可得到

$$\frac{\partial^2 E_y}{\partial x^2} + \frac{\partial^2 E_y}{\partial z^2} = i\omega\mu\sigma E_y$$

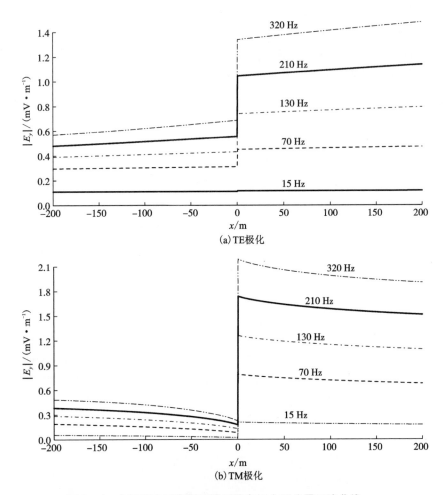

图 3-4　良导基底垂直断层的天然电场水平分量正演曲线

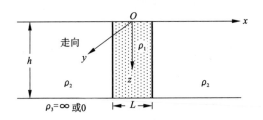

图 3-5　垂直岩脉模型及坐标系

因电场只有 y 分量,为了书写方便,以下电场不再写角标 y。把岩脉上和两侧的电场看成是由正常场(E^0)和二次场(P)组成的,在岩脉 ρ_1 上电场写成 $E_1 = E_1^0 + P_1$,在两侧 ρ_2 介质中电场写成 $E_2 = E_2^0 + P_2$。

(1)在岩脉上

将电场强度 E_1^0 看成是仅由电阻率为 ρ_1 的岩脉(无限宽,厚度为 h)和电阻率为 ∞(或为0)的第二层介质组成的两层介质的电场,它仅是 z 的函数,满足

$$\frac{\partial^2 E_1^0}{\partial z^2} = i\omega\mu\sigma_1 E_1^0$$

上式的一般解为 $E_1^0 = A_1 \cdot e^{\sqrt{i\omega\mu\sigma_1}z} + B_1 \cdot e^{-\sqrt{i\omega\mu\sigma_1}z}$,其中 A_1、B_1 为常系数。

同理,根据电场与磁场之间的关系,可得到正常磁场表达式为:

$$H_{1x}^0 = \frac{1}{i\omega\mu}\left(A_1 \cdot \sqrt{i\omega\mu\sigma_1} \cdot e^{\sqrt{i\omega\mu\sigma_1}z} - B_1 \cdot \sqrt{i\omega\mu\sigma_1} \cdot e^{-\sqrt{i\omega\mu\sigma_1}z}\right)$$

设 $h_1 = \sqrt{\omega\mu\sigma_1}h$,再根据地面($z=0$)正常磁场为一常数,假设为 H_0,在高阻基底表面($z=h$)正常磁场为0,得到方程组:

$$\begin{cases} A_1 e^{\sqrt{i}h_1} - B_1 e^{-\sqrt{i}h_1} = 0 & (3-56a) \\ A_1 - B_1 = H_0\sqrt{i\omega\mu/\sigma_1} & (3-56b) \end{cases}$$

解上述方程组,可得

$$\begin{cases} A_1 = -H_0\sqrt{\dfrac{i\omega\mu}{\sigma_1}} \cdot \dfrac{e^{-\sqrt{i}h_1}}{2\sinh(\sqrt{i}h_1)} \\ B_1 = -H_0\sqrt{\dfrac{i\omega\mu}{\sigma_1}} \cdot \dfrac{e^{\sqrt{i}h_1}}{2\sinh(\sqrt{i}h_1)} \end{cases}$$

另外,由岩脉引起的二次电场 P_1 应满足

$$\frac{\partial^2 P_1}{\partial x^2} + \frac{\partial^2 P_1}{\partial z^2} = i\omega\mu\sigma_1 P_1 \qquad (3-57)$$

因 y 方向无限延伸,P_1 是 x、z 的函数,式(3-57)的解可写成如下形式:

$$P_1 = \sum_{n=1}^{\infty} f_n(x)g_n(z) \qquad (3-58)$$

由于在地表和基底表面二次磁场为零,所以在这两个平面上二次电场为常量,于是 $g_n(z)$ 可写成余弦级数形式,式(3-58)可变成

$$P_1 = \sum_{n=1}^{\infty} f_n(x)\cos(n\pi \cdot z/h) \qquad (3-59)$$

将式(3-59)代入式(3-57),得到

$$\frac{\mathrm{d}^2 f_n(x)}{\mathrm{d}x^2} - \frac{n^2\pi^2}{h^2}f_n(x) = i\frac{h_1^2}{h^2}f_n(x)$$

上式解的一般形式为

$$f_n(x) = a_{1n}\mathrm{e}^{\pm\sqrt{n^2\pi^2 + ih_1^2}\cdot x/h} = a_{1n}\mathrm{e}^{\pm q_1\cdot x/h} \tag{3-60}$$

式中, $q_1 = \sqrt{n^2\pi^2 + ih_1^2}$。将式(3-60)代入式(3-59), 可得

$$P_1 = \sum_{n=1}^{\infty} a_{1n}\cdot\cos\left(\frac{n\pi\cdot z}{h}\right)\cdot(\mathrm{e}^{-q_1\cdot x/h} + \mathrm{e}^{q_1\cdot x/h})\ ,\ \left(-\frac{L}{2}\leqslant x\leqslant\frac{L}{2}\right) \tag{3-61}$$

式中, a_{1n} 为待定系数。

(2)在岩脉两侧

在岩脉两侧 ρ_2 介质中, 根据同样的研究思路, 可得

$$\begin{cases} E_2^0 = A_2\mathrm{e}^{\sqrt{i\omega\mu\sigma_2}z} + B_2\mathrm{e}^{-\sqrt{i\omega\mu\sigma_2}z} & \text{(3-62a)} \\[2ex] P_{2\text{右}} = \sum_{n=1}^{\infty} a_{2n}\cdot\cos\left(\frac{n\pi\cdot z}{h}\right)\cdot\mathrm{e}^{-q_2\cdot x/h}\ ,\ \left(x\geqslant\frac{L}{2}\right) & \text{(3-62b)} \\[2ex] P_{2\text{左}} = \sum_{n=1}^{\infty} a_{2n}\cdot\cos\left(\frac{n\pi\cdot z}{h}\right)\cdot\mathrm{e}^{q_2\cdot x/h}\ ,\quad \left(x\leqslant\frac{L}{2}\right) & \text{(3-62c)} \end{cases}$$

其中 A_2、B_2 为常系数, a_{2n} 为待定系数, $q_2 = \sqrt{n^2\pi^2 + ih_2^2}$, $h_2 = \sqrt{\omega\mu\sigma_2}h$。因模型两侧是对称的, 在计算模拟时, 仅计算一侧即可。

(3)利用边界条件求系数 a_{1n}、a_{2n}

利用边界上电场强度切线分量连续的条件:

$$E_1\big|_{x=L/2} = E_2\big|_{x=L/2},\ \text{即}\quad (E_1^0 + P_1)\big|_{x=L/2} = (E_2^0 + P_2)\big|_{x=L/2}$$

也就是

$$(P_1 - P_2)\big|_{x=L/2} = (E_2^0 - E_1^0)\big|_{x=L/2} \tag{3-63}$$

将式(3-61)、式(3-62)代入式(3-63), 可得

$$E_2^0 - E_1^0 = \sum_{n=1}^{\infty} b_n\cos\left(\frac{n\pi z}{h}\right) \tag{3-64}$$

式中

$$b_n = 2H_0 h\omega\mu\frac{h_1^2 - h_2^2}{q_2^2\cdot q_1^2}。$$

将式(3-61)、式(3-62)和式(3-64)代入式(3-63), 可得

$$2a_{1n}\cosh\left(\frac{q_1 L}{2h}\right) - a_{2n}\cdot\mathrm{e}^{\frac{-q_2 L}{2h}} = b_n \tag{3-65}$$

利用磁场切线分量在边界上连续的条件, 可知

$$H_{1z}\big|_{x=L/2} = H_{2z}\big|_{x=L/2}$$

可得到

$$2a_{1n}q_1\sinh\left(\frac{q_1 L}{2h}\right) = -a_{2n}q_2\cdot e^{-\frac{q_2 L}{2h}} \qquad (3-66)$$

根据方程式(3-65)和式(3-66)，可解得

$$a_{1n} = \frac{q_2}{(q_2-q_1)+(q_2+q_1)\cdot e^{\frac{q_1 L}{h}}}\cdot e^{\frac{q_1 L}{2h}}\cdot b_n$$

$$a_{2n} = \frac{q_1\cdot(1-e^{\frac{q_1 L}{h}})}{(q_2-q_1)+(q_2+q_1)\cdot e^{\frac{q_1 L}{h}}}\cdot e^{\frac{q_2 L}{2h}}\cdot b_n$$

(4)求电场及阻抗

岩脉上地面电场为

$$E_1 = (E_1^0 + P_1)\big|_{z=0}$$

$$= -H_0\sqrt{\frac{i\omega\mu}{\sigma_1}}\coth(\sqrt{i}h_1) + \sum_{n=1}^{\infty}a_{1n}\cdot e^{\frac{-q_1 x}{h}}, \qquad \left(0\leqslant x\leqslant\frac{L}{2}\right) \qquad (3-67)$$

上式中，coth 为双曲余切函数。将上式除以磁场 H_0 即可得岩脉上地面阻抗 Z_1。

岩脉右侧地面电场为

$$E_2 = (E_2^0 + P_2)\big|_{z=0}$$

$$= -H_0\sqrt{\frac{i\omega\mu}{\sigma_2}}\coth(\sqrt{i}h_2) + \sum_{n=1}^{\infty}a_{2n}\cdot e^{\frac{-q_2 x}{h}}, \qquad \left(x\leqslant\frac{L}{2}\right) \qquad (3-68)$$

将上式除以磁场 H_0 即可得岩脉右侧地面阻抗 Z_2，岩脉左侧与右侧关于岩脉是对称的。

最后由下式还可求视电阻率 ρ_s 和相位 θ：

$$\rho_s = \frac{1}{\omega\mu}|Z|^2, \qquad \theta = \tan^{-1}\left(\frac{I_m(z)}{R_e(z)}\right)$$

视电阻率和相位是大地电磁测深法比较关心的问题，而天然电场选频法主要关心地面电场强度。

2. TE 极化低阻基底岩脉

与高阻基底不同的是，在低阻基底导体表面($z=h$)不是磁场为零，而是电场为零，地面电场为常量。

根据相对 $z=h$ 平面的对称性，若将深度扩展两倍，这样在地面和 $z=2h$ 处电场均为常量，于是可用自变量 $n\pi z(2h)$ 的余弦函数来表示 $g_n(z)$ 函数，而又要满足 $z=h$ 处的电场为零，所以 n 只能取奇数。经过与高阻基底类似的推导，可得岩脉上和右侧地面上的电场分别为

$$E_1 = -H_0\sqrt{\frac{\mathrm{i}\omega\mu}{\sigma_1}}\tanh(\sqrt{\mathrm{i}}h_1) + 2H_0\sum_{n=1,3,5}^{\infty}a_{1n}\cosh\left(v_1\frac{|x|}{2h}\right), \quad \left(|x|\leqslant\frac{L}{2}\right) \quad (3-69)$$

$$E_2 = -H_0\sqrt{\frac{\mathrm{i}\omega\mu}{\sigma_2}}\tanh(\sqrt{\mathrm{i}}h_2) + H_0\sum_{n=1,3,5}^{\infty}a_{2n}\cdot\mathrm{e}^{\frac{-v_2|x|}{2h}}, \quad \left(|x|\geqslant\frac{L}{2}\right) \quad (3-70)$$

式中，tanh 为双曲正切函数，且有

$$a_{1n} = \frac{v_2 b_n}{2v_2\cosh\left(\dfrac{v_1 L}{4h}\right) + v_1\sinh(v_1)\cdot\mathrm{e}^{\frac{(v_2-v_1)x}{4h}}}$$

$$a_{2n} = -\frac{v_1 b_n}{2v_2\coth\left(\dfrac{v_1 L}{4h}\right) + v_1\cdot\mathrm{e}^{\frac{-v_1 L}{4h}}}$$

$$b_n = 32\omega\mu\cdot h\frac{h_1^2 - h_2^2}{v_1^2 v_2^2}, \qquad v_1 = \sqrt{n^2\pi^2 + \mathrm{i}4h_1^2}, \qquad v_2 = \sqrt{n^2\pi^2 + \mathrm{i}4h_2^2}$$

3.3.2 TM 极化

与前面的推导过程相同，在 TM 极化模式下，同样也可获得垂直岩脉上方地面的水平电场分量计算式。但此时的电场分量为 E_x 分量，前面 TE 极化模式下获得的均为 E_y 分量；就图 3-5 中所建立的坐标系而言，E_x 分量、E_y 分量分别代表实际观测中平行移动法和垂直移动法的观测结果。

1. TM 极化高阻基底岩脉

当 $0\leqslant x\leqslant\dfrac{L}{2}$，即岩脉上方地面上的电场为

$$E_1 = H_0\sqrt{\mathrm{i}}\frac{\omega\mu\cdot h}{h_1}\coth(\sqrt{\mathrm{i}}h_1) - 2H_0\pi^2\mathrm{i}\frac{\omega\mu\cdot h}{h_1^2}(h_1^2 - h_2^2)\cdot U_1 \quad (3-71)$$

其中

$$U_1 = \sum_{n=1}^{\infty}\frac{n^2\cosh(k_{1n}x/h)}{k_{1n}^2 k_{2n}^2\left[\cosh\left(\dfrac{k_{1n}l}{2h}\right) + \dfrac{k_{1n}h_2^2}{k_{2n}h_1^2}\sinh\left(\dfrac{k_{1n}l}{2h}\right)\right]}$$

当 $x\geqslant\dfrac{L}{2}$，即岩脉右侧的地面上的电场为

$$E_2 = H_0\sqrt{\mathrm{i}}\frac{\omega\mu\cdot h}{h_2}\coth(\sqrt{\mathrm{i}}h_2) - 2\mathrm{H}_0\pi^2\mathrm{i}\frac{\omega\mu\cdot h}{h_2^2}(h_2^2 - h_1^2)\cdot U_2 \quad (3-72)$$

其中

$$U_2 = \sum_{n=1}^{\infty}\frac{n^2\exp\left(\dfrac{k_{2n}l}{2h}\right)\sinh\left(\dfrac{k_{1n}l}{2h}\right)\exp\left(-\dfrac{k_{2n}|x|}{h}\right)}{k_{1n}^2 k_{2n}^2\left[\sinh\left(\dfrac{k_{1n}l}{2h}\right) + \dfrac{k_{2n}h_1^2}{k_{1n}h_2^2}\cosh\left(\dfrac{k_{1n}l}{2h}\right)\right]}$$

上面式（3－71）、式（3－72）中，$h_1 = \sqrt{\omega\mu\sigma_1}\,h$，$h_2 = \sqrt{\omega\mu\sigma_2}\,h$，$k_{1n} = \sqrt{n^2\pi^2 + \mathrm{i}h_1^2}$，$k_{2n} = \sqrt{n^2\pi^2 + \mathrm{i}h_2^2}$。当 $x \leqslant 0$ 时，岩脉左侧与右侧是关于岩脉对称的。

2. TM 极化低阻基底岩脉

岩脉上方地面上的电场为

$$E_1 = H_0\sqrt{\mathrm{i}\frac{\omega\mu\cdot h}{h_1}}\tanh(\sqrt{\mathrm{i}}h_1) - 8H_0\pi^2\mathrm{i}\frac{\omega\mu\cdot h}{h_1^2}(h_1^2 - h_2^2)\cdot U_1 \qquad (3-73)$$

其中

$$U_1 = \sum_{n=1,3,5}^{\infty} \frac{n^2\cosh(k_{1n}|x|/2h)}{k_{1n}^2 k_{2n}^2\left[\cosh\left(\dfrac{k_{1n}l}{4h}\right) + \dfrac{k_{1n}h_2^2}{k_{2n}h_1^2}\sinh\left(\dfrac{k_{1n}l}{4h}\right)\right]}$$

在岩脉两侧地面上的电场为

$$E_2 = H_0\sqrt{\mathrm{i}\frac{\omega\mu\cdot h}{h_2}}\tanh(\sqrt{\mathrm{i}}h_2) - 8H_0\pi^2\mathrm{i}\frac{\omega\mu\cdot h}{h_2^2}(h_2^2 - h_1^2)\cdot U_2 \qquad (3-74)$$

其中

$$U_2 = \sum_{n=1,3,5}^{\infty} \frac{n^2\exp\left(\dfrac{k_{2n}l}{4h}\right)\sinh\left(\dfrac{k_{1n}l}{4h}\right)\exp\left(-\dfrac{k_{2n}|x|}{2h}\right)}{k_{1n}^2 k_{2n}^2\left[\sinh\left(\dfrac{k_{1n}l}{4h}\right) + \dfrac{k_{2n}h_1^2}{k_{1n}h_2^2}\cosh\left(\dfrac{k_{1n}l}{4h}\right)\right]}$$

上面式（3－73）、式（3－74）中，$h_1 = \sqrt{\omega\mu\sigma_1}\,h$，$h_2 = \sqrt{\omega\mu\sigma_2}\,h$，$k_{1n} = \sqrt{n^2\pi^2 + \mathrm{i}4h_1^2}$，$k_{2n} = \sqrt{n^2\pi^2 + \mathrm{i}4h_2^2}$。

3.3.3　数值计算

1. TE 极化高阻基底岩脉

假定图 3－5 中的地质地球物理模型参数 ρ_1 为 200 Ω·m，ρ_2 为 1000 Ω·m，h 为 1000 m；同时假定 H_0 为 10^{-3} A/m；L 为 100 m；不考虑介质的磁性，则 $\mu = \mu_0$；若 ρ_3 为 ∞，即高阻基底；在 TE 极化模式下，由前面的计算式（3－67）、式（3－68）可得地表主剖面上电场 $|E_y|$ 的水平分量曲线图，如图 3－6(a)所示。其中，点划线、实线、虚线、双点双划线分别表示频率为 16 Hz、72 Hz、160 Hz 和 320 Hz 时的计算结果。

由图 3－6(a)理论正演计算曲线图可知，在相对低阻岩脉和围岩接触处，电场强度曲线出现十分明显的跳跃现象，围岩上的电场强度大小明显大于低阻岩脉上的电场强度，这与野外实测曲线（见图 3－1）的变化特征基本相同；另外，在 TE 极化方式下各频率曲线变化的总体特征也相同，但整体而言，电场强度大小随着频率的增大而增大。

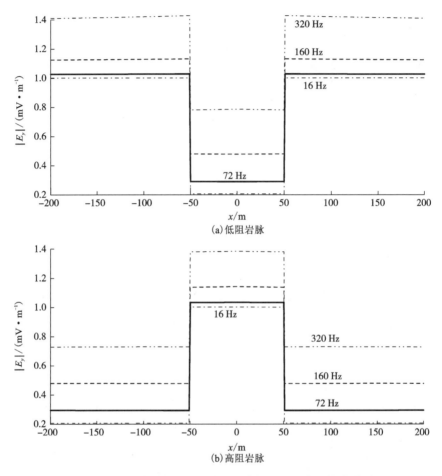

图 3 - 6   TE 极化高阻基底岩脉的天然电场水平分量正演曲线图

　　如果将上述假设模型的电阻率值互换，即假定 ρ_1 为 1000 Ω·m，ρ_2 为 200 Ω·m，则此时岩脉变为高阻体；其他计算参数不变。此高阻岩脉上地表电场水平分量的计算结果如图 3 - 6(b)所示，曲线的特征与低阻岩脉时的相同，只是此时岩脉上的地表电场强度大于地表围岩上的电场强度。总之，高阻基底 TE 极化模式下，地表水平电场 E_y 的大小能明显反映高阻或低阻岩脉特性。

2. TE 极化低阻基底岩脉

　　假定图 3 - 5 中的地质地球物理模型参数 h 为 1000 m；H_0 为 10^{-3} A/m；L 为 100 m；不考虑介质的磁性，则 $\mu = \mu_0$；若 ρ_3 为 0，即低阻基底。则在 TE 极化模式下，地表主剖面上水平电场分量 $|E_y|$ 可由式(3 - 69)、式(3 - 70)计算可得。如果

假定 ρ_1 为 200 $\Omega\cdot m$，ρ_2 为 1000 $\Omega\cdot m$，即低阻岩脉情况下的地表 $|E_y|$ 曲线如图 3-7(a) 所示；如果将 ρ_1、ρ_2 的值对换，即 ρ_1 为 1000 $\Omega\cdot m$，ρ_2 为 200 $\Omega\cdot m$，则高阻岩脉情况下地表 $|E_y|$ 的计算结果如图 3-7(b) 所示。

图 3-7(a)、图 3-7(b) 的曲线变化特征分别与图 3-6(a)、图 3-6(b) 相似；唯一明显不同的是，在低阻基底情况下，同样频率时，地表岩脉上电场大小与地表围岩上电场大小之间的差异没有高阻基底时明显；随着频率的降低，曲线的台阶效应减小，特别是当 f 为 16 Hz 时，曲线在图中几乎变成了一条直线，此时需将纵坐标轴放大才能看出其差别。

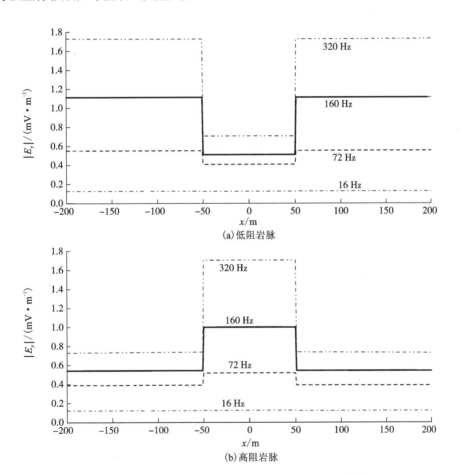

图 3-7　TE 极化良导基底岩脉的天然电场水平分量正演曲线

3. TM 极化高阻基底岩脉

与前面 TE 极化高阻基底时选取的计算参数相同，即图 3-8(a)、图 3-8(b)

的计算参数分别与图3-6(a)、图3-6(b)的完全相同，只是此时为 TM 极化模式，可利用式(3-71)、式(3-72)计算出地表主剖面上水平电场强度分量大小。TM 极化情况下岩脉上的计算结果如图3-8所示[9]；同时，曲线特征也与图3-6(a)、图3-7(a)相似，只是在岩脉的中部 $x=0$ 处 $|E_x|$ 出现局部相对的高电位。高阻岩脉的曲线特征与低阻时相反，曲线形态与图3-6(b)、图3-7(b)相似。

由图3-8可知，在电性分界面上电场分量 E_x 有明显的突变，高阻介质上的电场 E_x 要比低阻上的大，无论是低阻岩脉还是高阻岩脉，在界面低阻一侧的理论值 E_x 明显减小，且在界面上有最小值，这是因为高阻体排斥电流的作用所致。

4. TM 极化低阻基底岩脉

与图3-8中高阻基底时的参数选取相同，当 TM 极化为低阻基底时，利用式(3-73)、式(3-74)即可得地表主剖面上 E_x 的大小，如图3-9所示。其中图3-9(a)、图3-9(b)分别为低阻岩脉和高阻岩脉时的计算结果，它们的曲线特征分别与 TM 极化高阻基底时相同(见图3-8)。

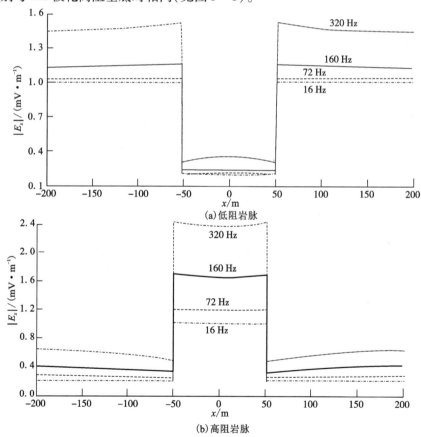

(a)低阻岩脉

(b)高阻岩脉

图3-8　TM 极化高阻基底岩脉的天然电场水平分量正演曲线图

　　通过上述理论推导和数值计算结果，可见垂直断层和岩脉上的主剖面位置的天然电场强度水平分量的异常曲线与实测曲线具有相似特征，说明天然电场选频法的异常成因可能主要是由天然感应二次场所致。

　　从正演模型的推导计算过程来看，采用大地电磁测深法的理论可以解释天然电场选频法的异常形成原因，即可认为其异常的成因与大地电磁测深法的原理在一定程度上是相同的，只是二者的实践观测技术及选用的频率不同而已。天然电场选频法选择的是音频大地电磁信号，且实际应用中只观测地面上电场的水平分量，忽略了对正交磁场分量的测量。因此，天然电场选频法无法计算卡尼亚电阻率。

　　上述理论计算结果和分析表明，就地表的天然电场水平分量而言，岩石电阻率差异是引起其变化的主要因素；在探测浅层构造时，不观测磁场的水平分量 H，只测电场的水平分量 E_x 或 E_y，就可获得明显的地质效果。

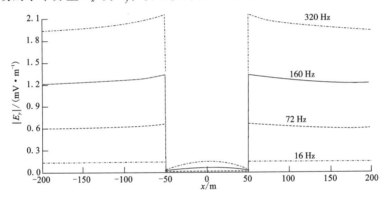

(a) 低阻岩脉

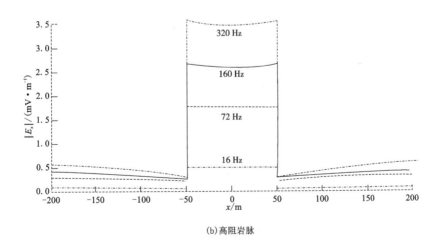

(b) 高阻岩脉

图 3-9　TM 极化良导基底岩脉的天然电场水平分量正演曲线图

第4章 选频法异常的有限单元法研究

对于复杂的地质地球物理模型，难以使用解析的方法求解其解析解，只能通过数值方法求出近似解。随着计算机技术的不断发展，有限元数值模拟由于它不必考虑内部边界，可以模拟局域比较复杂的边界的地质地球物理模型，在地球物理数值计算中得到许多学者的青睐[103-104]。下面将采用有限单元法对几类地质地球物理模型的选频法异常开展正演模拟研究[105]。

4.1 二维有限元正演

有限元法在大地电磁二维正演中的研究已是一种比较成熟的方法[106-108]，采用有限元法研究天然电场选频法的异常与大地电磁法有限元正演是相同的，只不过在此仅关心地表电场的水平分量而已。

4.1.1 基本方程式

在第2章中，我们从麦克斯韦方程组出发，经过一系列的变换和推导，得到了亥姆霍兹方程。而在第3章中，在求解垂直断层、垂直岩脉的解析解问题时，是将麦克斯韦方程组分解为 TE 和 TM 两种极化模式（谐变因子取为 $e^{i\omega t}$）。

对于 TE 极化模式，麦克斯韦方程组为

$$\begin{cases} \dfrac{\partial}{\partial z}H_x - \dfrac{\partial}{\partial x}H_z = (\sigma + i\omega\varepsilon)E_y & (4-1a) \\[2mm] \dfrac{\partial}{\partial z}E_y = i\omega\mu H_x & (4-1b) \\[2mm] \dfrac{\partial}{\partial x}E_y = -i\omega\mu H_z & (4-1c) \end{cases}$$

对于 TM 极化模式，麦克斯韦方程组为

$$\begin{cases} -\dfrac{\partial}{\partial z}E_x + \dfrac{\partial}{\partial x}E_z = \mathrm{i}\omega\mu H_y & (4-2\mathrm{a}) \\[2mm] \dfrac{\partial}{\partial x}H_y = (\sigma + \mathrm{i}\omega\varepsilon)E_z & (4-2\mathrm{b}) \\[2mm] \dfrac{\partial}{\partial z}H_y = -(\sigma + \mathrm{i}\omega\varepsilon)E_x & (4-2\mathrm{c}) \end{cases}$$

将式(4-1)和式(4-2)经过变换处理,可用同一类型的偏微分方程表示

$$\nabla \cdot (\eta \nabla u) + \lambda u = 0 \tag{4-3}$$

天然电场选频法中,我们所使用的频率一般为 15 Hz ~ 1500 Hz,此时可忽略位移电流的作用,故式(4-3)中各变量 u、η 和 λ 对应的物理量如表 4-1 所示。

根据式(4-3),构造泛函如下[109]

$$\begin{aligned} F(u) &= \frac{1}{2}\int_{\Omega}[\eta (\nabla u)^2 - \lambda u^2]\mathrm{d}\Omega \\ &= \frac{1}{2}\int_{\Omega_1}[\eta_1 (\nabla u_1)^2 - \lambda_1 u_1{}^2]\mathrm{d}\Omega + \frac{1}{2}\int_{\Omega_2}[\eta_2 (\nabla u_2)^2 - \lambda_2 u_2{}^2]\mathrm{d}\Omega \end{aligned} \tag{4-4}$$

表 4.1　式(4-3)中各变量的对应关系

变量	TE 极化模式	TM 极化模式
u	E_y	H_y
η	$1/(\mathrm{i}\omega\mu)$	$1/\sigma$
λ	σ	$\mathrm{i}\omega\mu$

对式(4-4)进行变分,可得

$$\begin{aligned} \delta F(u) &= \int_{\Omega_1}\eta_1 \nabla u_1 \cdot \nabla\delta u_1\mathrm{d}\Omega - \int_{\Omega_1}\lambda_1 u_1\delta u_1\mathrm{d}\Omega + \int_{\Omega_2}\eta_2 \nabla u_2 \cdot \nabla\delta u_2\mathrm{d}\Omega - \int_{\Omega_2}\lambda_2 u_2\delta u_2\mathrm{d}\Omega \\ &= \int_{\Omega_1}\nabla \cdot (\eta_1 \nabla u_1\delta u_1)\mathrm{d}\Omega - \int_{\Omega_1}[\nabla \cdot (\eta_1 \nabla u_1) + \lambda_1 u_1]\mathrm{d}\Omega \\ &\quad + \int_{\Omega_2}\nabla \cdot (\eta_2 \nabla u_2\delta u_2)\mathrm{d}\Omega - \int_{\Omega_2}[\nabla \cdot (\eta_2 \nabla u_2) + \lambda_2 u_2]\mathrm{d}\Omega \end{aligned} \tag{4-5}$$

因为两种介质分界面上的电场切向分量具有连续性,故式(4-5)中右侧第二项和第四项的被积函数为零,所以式(4-5)可简化为

$$\begin{aligned} \delta F(u) &= \int_{\Omega_1}\nabla \cdot (\eta_1 \nabla u_1\delta u_1)\mathrm{d}\Omega + \int_{\Omega_2}\nabla \cdot (\eta_2 \nabla u_2\delta u_2)\mathrm{d}\Omega \\ &= \oint_{\Gamma+\Gamma_1}\eta_1 \frac{\partial u_1}{\partial n}\delta u_1\mathrm{d}\Gamma + \oint_{\Gamma_1}\eta_2 \frac{\partial u_2}{\partial n}\delta u_2\mathrm{d}\Gamma \end{aligned} \tag{4-6}$$

4.1.2　边界条件

在第 2 章中已经简单讨论过在求解地球物理模型的解析解时的边界条件,下面主要针对有限元数值模拟方法讨论其满足的边界条件[109]。

1. 上边界 $AB(A'B')$

如图 4-1 所示,在 TE 极化模式中,因地下介质的水平不均匀性而感应的二次场可以耦合到空气中,从而影响到空气中的电磁场的分布,故地表附近的电磁场是变化的,且随着逐渐远离地表,二次场的影响逐渐减小。故可以取上边界 AB 离地面足够远,从而使二次场在 AB 上为零,则其场值可取:$u|_{AB}=0$。

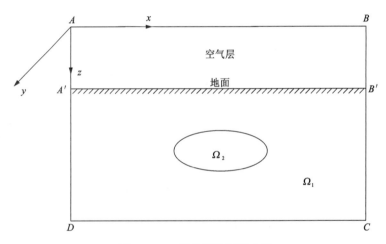

图 4-1　二维模型边界示意图

在 TM 极化模式中,因空气中电导率 $\sigma \to 0$,故上边界可直接取在地面 $A'B'$ 上,场值取为 $u|_{A'B'}=1$。

2. 下边界 CD

下边界 CD 以下可以看成为均匀半无限空间介质,根据电磁波的衰减方程,可以得到 CD 处的边界条件为:$\dfrac{\partial u}{\partial n}+\varphi u=0$。

3. 左右边界 AD、BC

左右边界 AD、BC 取在足够远处,且电磁场左右对称,故可得左右边界条件为:$\dfrac{\partial u}{\partial n}=0$。

4. 内边界条件

无论 TE 极化模式还是 TM 极化模式,可以将内边界条件统一写为

$$\eta_1 \frac{\partial u_1}{\partial n} = \eta_2 \frac{\partial u_2}{\partial n}$$

根据上述内边界条件有

$$\oint_{\Gamma_1} \eta_1 \frac{\partial u_1}{\partial n} \delta u_1 \mathrm{d}\Gamma + \oint_{\Gamma_1} \eta_2 \frac{\partial u_2}{\partial n} \delta u_2 \mathrm{d}\Gamma = 0$$

由上式可知，$F(u)$ 在变分的过程中不会出现内边界条件，而在泛函求极值的过程中，内边界条件属于自然边界条件，将自动满足。

将边界条件代入式(4-6)中，可得

$$\delta F(u) = \oint_{\Gamma} \eta \frac{\partial u}{\partial n} \delta u \mathrm{d}\Gamma = -\int_{CD} \frac{1}{2} \eta \varphi u^2 \mathrm{d}\Gamma$$

综上所述，式(4-3)等价于如下的变分问题

$$\begin{cases} F(u) = \int_{\Omega} \left[\frac{1}{2}\eta (\nabla u)^2 - \frac{1}{2}\lambda u^2 \right] \mathrm{d}\Omega + \int_{CD} \frac{1}{2}\eta \varphi u^2 \mathrm{d}\Gamma & (4-7a) \\ u\mid_{AB} = 1 (u\mid_{A'B'} = 1) & (4-7b) \\ \delta F(u) = 0 & (4-7c) \end{cases}$$

4.2　二维有限元解法

有限单元法是求解变分问题的一种数值近似方法，将研究区域剖分为互不重叠的多边形基本单元，然后在每个单元内，用节点处的场值所表示出的插值函数描述场量的分布情况，从而将求泛函极值的问题转化为求解多元函数极值的问题，这样就比较便于实现数值求解。

有限单元法数值模拟首先将研究区域剖分为各基本单元并选择插值函数，再确定单元的基函数，然后进行单元分析和总体合成，最后求解总体刚度矩阵方程从而获得场的分布特征。

4.2.1　网格剖分

本文采用不均匀的矩形单元对研究区域进行剖分，对于电性均一的区域采用大网格剖分，对电性变化的区域采用小网格剖分，从而提高解的精确度，如图4-2所示。

4.2.2　单元分析

网格剖分完毕后，对各单元进行电阻率赋值，以每个单元的四个角为节点，然后采用双线性插值，生成各子单元的刚度矩阵。网格剖分的矩形单元编号顺序以及节点编号顺序如图4-2所示。其中 e_i 为单元的编号，$i=1,2,3\cdots\cdots$

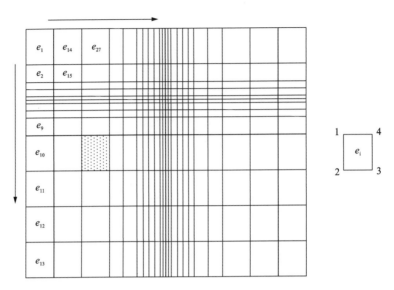

图 4 - 2　网格剖分、矩形单元及节点排序示意图

将式(4 - 7)中的区域积分函数分解为各单元的单元积分之和[110]，可得

$$F(u) = \int_\Omega \left[\frac{1}{2}\eta \ (\nabla u)^2 - \frac{1}{2}\lambda u^2 \right] d\Omega + \int_{CD} \frac{1}{2}\eta\varphi \cdot u^2 d\Gamma$$

$$= \sum_\Omega \int_e \left[\frac{1}{2}\eta \ (\nabla u)^2 - \frac{1}{2}\lambda u^2 \right] d\Omega + \sum_{CD} \int \frac{1}{2}\eta\varphi \cdot u^2 d\Gamma \qquad (4 - 8)$$

当各单元中的 η 和 λ 为常数时，式(4 - 8)中右端第一项中的单元积分为

$$\int_e \frac{1}{2}\eta \ (\nabla u)^2 d\Omega = \frac{1}{2}u_e^T (k_{ij}) u_e = \frac{1}{2}u_e^T K_{1e} u_e \qquad (4 - 9)$$

式中，$K_{1e} = (k_{ij})$，各单元的 k_{ij} 由双线性插值方法求得，具体计算公式如下

$$\begin{cases} k_{11} = 2\alpha + 2\beta, \ k_{21} = \alpha - 2\beta \\ k_{31} = -\alpha - \beta, \ k_{41} = -2\alpha + \beta \\ k_{22} = k_{11}, \ k_{32} = k_{41} \\ k_{42} = k_{31}, \ k_{33} = k_{11} \\ k_{43} = k_{21}, \ k_{44} = k_{11} \end{cases} \qquad (4 - 10)$$

上面各式中，$\alpha = \dfrac{\eta b}{6a}$，$\beta = \dfrac{\eta a}{6b}$，$a$ 为单元宽度，b 为单元高度。

式(4 - 8)中右端第二项中的单元积分为

$$\int_e \frac{1}{2}\lambda u^2 d\Omega = \frac{1}{2}u_e^T (k_{ij}) u_e = \frac{1}{2}u_e^T K_{2e} u_e \qquad (4 - 11)$$

式中，$K_{2e} = (k_{ij})$，每个单元的 k_{ij} 由双线性插值方法求得，具体计算公式如下：

$$k_{2e} = \alpha \begin{bmatrix} 4 & & \text{对} & \\ 2 & 4 & & \text{称} \\ 1 & 2 & 4 & \\ 2 & 1 & 2 & 4 \end{bmatrix} \qquad (4-12)$$

式中，$\alpha = \dfrac{\lambda}{36} ab$。

式(4-8)中右端第三项只对边界单元进行线积分。即当下边界上每个单元的 l_2^1 边距离异常体无穷远时，其线积分为

$$\int \frac{1}{2} \eta \varphi \cdot u^2 \mathrm{d}\Gamma = \frac{1}{2} u_e^{\mathrm{T}} (k_{ij}) u_e = \frac{1}{2} u_e^{\mathrm{T}} K_{3e} u_e \qquad (4-13)$$

上式中，$K_{3e} = (k_{ij})$，每个单元中 k_{ij} 由双线性插值方法求得，具体计算式为

$$K_{3e} = \beta \begin{bmatrix} 2 & & \text{对} & \\ 1 & 2 & & \text{称} \\ 0 & 0 & 0 & \\ 0 & 0 & 0 & 0 \end{bmatrix} \qquad (4-14)$$

式中，$\beta = \dfrac{\eta \varphi \cdot b}{6}$。

4.2.3　总体合成

将各单元的 K_{1e}、K_{2e}、K_{3e} 扩展成全节点的矩阵 $\overline{K_{1e}}$、$\overline{K_{2e}}$、$\overline{K_{3e}}$，然后将它们合并[111]，则式(4-8)变为

$$F(u) = \frac{1}{2} u^{\mathrm{T}} \left(\sum_{\Omega} \overline{K_{1e}} - \sum_{\Omega} \overline{K_{2e}} + \sum_{\Omega} \overline{K_{3e}} \right) u = \frac{1}{2} u^{\mathrm{T}} K u \qquad (4-15)$$

式中，$K = \sum\limits_{\Omega} \overline{K_{1e}} - \sum\limits_{\Omega} \overline{K_{2e}} + \sum\limits_{\Omega} \overline{K_{3e}}$，称为总体刚度矩阵。

对式(4-15)求变分，可得

$$\delta F(u) = \delta u^{\mathrm{T}} K u = 0$$

由 δu 的任意性，可得

$$K u = 0$$

在考虑边界条件时，可形成方程右端项，则上式变为

$$K u = b \qquad (4-16)$$

求解线性方程(4-16)，便可得到各节点的 u 值，在 TE 模式下的 u 值为 E_y，在 TM 模式下的 u 值为 H_y。

在实际工作中，我们直接采集的是电位差，所以对于 TM 极化模式还需通过式(4-2)中的第三式将模拟得到的 H_y 转变为 E_x。

4.2.4　程序实现

如图 4-3 所示，天然电场选频法的二维正演模拟程序的实现主要包括以下几个部分：

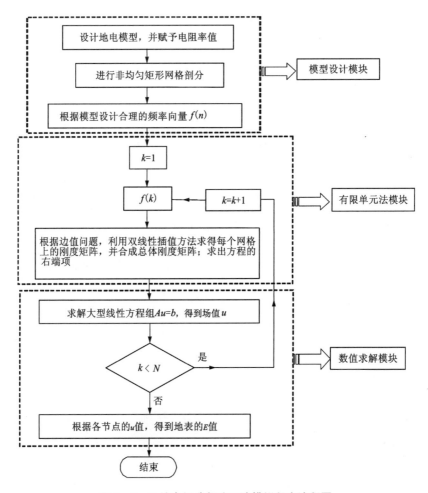

图 4-3　天然电场选频法正演模拟程序流程图

（1）模型设计模块：其功能是设计所要模拟的地电模型，并根据地电结构给模型赋予相应的电阻率值，设定一次场的大小；然后将模型进行非均匀网格化剖分；最后根据地电模型设计相应的频率向量。

（2）有限单元法模块：其功能是根据第 2 章中给出的边值问题，利用有限单元法求得网格上的刚度矩阵和方程右端项，构成大型的线性方程组。

（3）数值求解模块：其功能是选择合适的数值解法对上述步骤中得到的线性方程组进行求解，最终求得所设计模型的地表水平电场分量 E 的大小。

4.3　数值算法的选择

在电磁法的数值模拟中，常用数值算法有不完全 LU 分解的 BICGSTAB 算法、最小二乘的 QR 算法这两种高效的数值算法。文献［112］对这两种算法进行过对比，并且对比分析了双共轭梯度稳定算法与最小二乘 QR 算法，以及两者经过多重网格方法优化后的计算精度，结果表明多重网格方法可以很好地提高算法的计算精度。通过对具体模型的正演模拟，对比分析了各种算法的迭代次数和计算时间，结果表明多重网格方法的优化特性仍然比较明显[112]。因此，为了提高模拟精度和效率，在本文的正演模拟中，均选用经过多重网格方法优化的双共轭梯度稳定算法进行模拟计算。

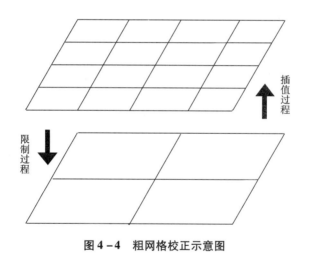

图 4 - 4　粗网格校正示意图

在数值算法迭代求解的过程中，误差的每个傅里叶分量的衰减程度都各不相同。通常可将误差分量视为不同波长的波形，对于相同步长的网格，较长波形的波数较少为低频误差分量，较短波形的波数较多为高频误差分量。一般的数值算法在迭代计算过程中可以较快地消除高频误差，但低频误差相对比较光滑，所以消除低频误差的效率很低，这就限制了数值算法的计算精度和效率。多重网格的基本思想就是在不同步长的网格上进行迭代计算，这样可将细网格上的低频误差分量放在粗网格上作为高频误差分量进行快速地消除，然后再将所得到的相对精确解放回初始细网格上，在本文中称其为粗网格校正过程（如图 4 - 4 所示）。在这个过程中,由细网格向粗网格转换的过程称为限制过程,由粗网格返回细网格转换的过程称为插值过程。

若步长为 h 的初始均匀网格,用 G^h 表示,则步长为 $2h$ 的粗网格,可用 G^{2h} 表示。因此,可以类似定义步长为 $4h$,$8h$,$\cdots$,$2^n h$ 的网格表示为 G^{4h},G^{8h},$\cdots$,$G^{2^n h}$。相邻细网格和粗网格之间的相互转换分别由限制算子和插值算子实现。下面将引入限制算子和插值算子定义。

本文用 R 表示限制算子,细网格 G^h 上的场值 u^h 向粗网格 G^{2h} 的转换可通过限制算子 R 实现,即 $Ru^h = u^{2h}$。对于网格内部节点,限制算子定义为

$$u_{i,j}^{2h} = \frac{1}{16} [u_{2i-1,2j-1}^h + u_{2i-1,2j+1}^h + u_{2i+1,2j+1}^h + u_{2i+1,2j-1}^h +$$
$$2(u_{2i,2j-1}^h + u_{2i,2j+1}^h + u_{2i-1,2j}^h + u_{2j+1,2j}^h) + 4u_{2i,2j}^h] \tag{4-17}$$

式中,i、j 分别为 1,2,3,$\cdots$,n,分别对应网格单元在横向和纵向上的坐标。

对于网格边界节点,粗网格节点与细网格上的对应节点重合,因此可直接进行等值限制,即表示为

$$u_{i,j}^{2h} = u_{2i,2j}^h \tag{4-18}$$

本文用 I 表示插值算子,粗网格 G^{2h} 上的场值 u^{2h} 向细网格 G^h 的转换可通过插值算子 I 实现,即 $Iu^{2h} = u^{1h}$。插值算子定义为

$$\begin{cases} u_{2i,2j}^h = u_{i,j}^{2h} & (4-19a) \\[2mm] u_{2i+1,2j}^h = \frac{1}{2} (u_{i,j}^{2h} + u_{i+1,j}^{2h}) & (4-19b) \\[2mm] u_{2i,2j+1}^h = \frac{1}{4} (u_{i,j}^{2h} + u_{i+1,j}^{2h} + u_{i,j+1}^{2h} + u_{i+1,j+1}^{2h}) & (4-19c) \\[2mm] u_{2i,j+1}^h = \frac{1}{2} (u_{i,j}^{2h} + u_{i,j+1}^{2h}) & (4-19d) \end{cases}$$

式中,i、j 分别为 1,2,3,$\cdots$,n,分别对应网格单元横向和纵向坐标。

考虑通过有限单元法得到的线性方程组(4-16),设 $\boldsymbol{u}_0$ 为方程组的近似解向量,$\boldsymbol{r}$ 为残向量,有 $\boldsymbol{r} = \boldsymbol{b} - \boldsymbol{A}x_0$,则 $\boldsymbol{A}e = \boldsymbol{r}$ 的解为精确解的误差向量,故精确解 $u = u_0 + e$。$\boldsymbol{A}$ 为初始网格 G^h 上的刚度矩阵。

残量校正格式是迭代求解 $\boldsymbol{A}e = \boldsymbol{r}$ 的近似解,再将其加到近似解 x_0 上,粗网格校正是另一种残量校正格式,它在粗网格上求解 $\boldsymbol{A}e = \boldsymbol{r}$ 的近似解。所以,粗网格校正过程可描述为:

(1)在 G^h 上,对方程组 $\boldsymbol{A}u^h = b^h$ 进行 m_1 次迭代求解,得到近似解 u_{m1}^h,其中初始猜测值为 u_0^h;

(2)计算 $\boldsymbol{r}^h = b^h - \boldsymbol{A}u_0^h$;

(3)计算 $b^{2h} = R\boldsymbol{r}^h$;

（4）在 G^h 上求解方程 $A^{2h}e^{2h}=b^{2h}$；

（5）校正细网格，得近似值 $\hat{u}_{m1}^h=u_{m1}^h+Ie^{2h}$；

（6）以 $\hat{u}_{m1}^h$ 为初始猜测值在 G^h 上对方程组 $Au^h=b^h$ 进行迭代求解 m_2 次，得到结果 $\hat{u}_{m2}^h$。

在多重网格方法中，一般考虑首先在初始细网格 G^h 上求解 $Au^h=b^h$，再依次在相邻粗网格上进行校正。这里定义 $\boldsymbol{A}^{2h}$、$\boldsymbol{A}^{4h}$ 和 $\boldsymbol{A}^{8h}$ 分别为网格 G^{2h}、G^{4h} 和 G^{8h} 上的刚度矩阵，其求法与初始网格 G^h 上的刚度矩阵 $\boldsymbol{A}$ 一致。在粗网格校正格式的基础上，四重网格的循环过程可描述为：

（1）u_0^h 为初始猜测，在初始细网格上对 $Au^h=b^h$ 进行 m_1 次迭代求解，得到近似解 u_{m1}^h 及其残向量

$$r^h=b^h-Au_0^h$$

（2）在第二层网格 G^{2h} 上以 $e_0^{2h}=0$ 为初值，对方程

$$\boldsymbol{A}^{2h}e^{2h}=b^{2h}=R\boldsymbol{r}^h$$

进行 m_1 次迭代求解，得到 e_{m1}^{2h} 及残量：

$$\boldsymbol{r}^{2h}=b^{2h}-\boldsymbol{A}^{2h}e_{m1}^{2h}$$

（3）在第三层网格 G^{4h} 上以 $e_0^{4h}=0$ 为初值，对方程

$$\boldsymbol{A}^{4h}e^{4h}=b^{4h}=R\boldsymbol{r}^{2h}$$

进行 m_1 次迭代求解，得到 e_{m1}^{4h} 及残量：

$$\boldsymbol{r}^{4h}=b^{4h}-\boldsymbol{A}^{4h}e_{m1}^{4h}$$

（4）在第四层网格 G^{8h} 上以 $e_0^{8h}=0$ 为初值，对方程

$$\boldsymbol{A}^{8h}e^{8h}=b^{8h}=R\boldsymbol{r}^{4h}$$

进行 m_1 次迭代求解，得到 e_{m1}^{8h} 及残量：

$$\boldsymbol{r}^{8h}=b^{8h}-\boldsymbol{A}^{8h}e_{m1}^{8h}$$

（5）对 $e_{m_1}^{4h}$ 作修正：$\hat{e}_{m_1}^{4h}=e_{m_1}^{4h}+Ie^{8h}_{m_1}$，再以 $e_0^{4h}=\hat{e}_{m_1}^{4h}$ 为初值，对方程

$$\boldsymbol{A}^{4h}e^{4h}=b^{4h}$$

进行 m_2 次迭代求解，得到 $\hat{e}_{m_2}^{4h}$；

（6）对 $\hat{e}_{m_2}^{4h}$ 作修正：$\hat{e}_{m_1}^{2h}=e_{m_1}^{2h}+I\ \hat{e}_{m_2}^{4h}$，再以 $\hat{e}_0^{2h}=\hat{e}_{m_1}^{2h}$ 为初值，对方程

$$\boldsymbol{A}^{2h}e^{2h}=b^{2h}$$

进行 m_2 次迭代求解，得到 $\hat{e}_{m_2}^{2h}$；

（7）将 $\hat{e}_{m_2}^{2h}$ 校正到初始细网格上 $\hat{u}_{m_1}^h=u_{m_1}^h+I\ \hat{e}_{m_2}^{2h}$；

（8）在 G^h 上，以 $u_0^h=\hat{u}_{m_1}^h$ 为初值，对 $Au^h=b^h$ 进行 m_2 次迭代求解，得到最终的相对精确解 $\hat{u}_{m_2}^h$。

由以上步骤可以看出，多重网格算法实质上是一种建立在某种松弛迭代方法

基础上的优化求解策略。

4.4 模型计算与分析

作者根据上面所介绍的有限单元数值模拟计算方法，对几种地质地球物理模型进行正演模拟，并就其中的某些模型的有限元数值解与解析解进行对比，以验证其准确性与有效性，为以后的反演研究奠定基础。

本节基于 MATLAB 进行正演程序模拟，在 MATLAB 中进行网格剖分、单元分析、总体合成，最后输出地表电位差数据，再根据输出的数据成图。

4.4.1 垂直接触面

垂直接触面的模型如图 4-5 所示，模型中有左、右两种电性参数不同的岩体，左侧电阻率 ρ_1 为 100 Ω·m，横向宽度 2000 m，厚度 1000 m；右侧电阻率 ρ_2 为1000 Ω·m，横向宽度 2000 m，厚度 1000 m。基底电阻率为 ρ_3，分为高阻基底与理想导体基底两种情况进行模拟分析。

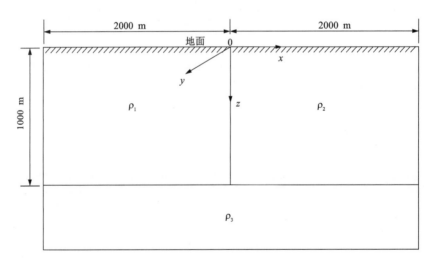

图 4-5 垂直接触面模型示意图

网格参数：TE 极化模式横向网格数为 56，各单元横向宽度(单位:m)为 500、500、200、200、100、100、50、50、20、20、20、20、20、20、20、20、20、20、10、10、10、10、10、10、10、10、10、10、10、10、10、10、10、10、10、10、20、20、20、20、20、20、20、20、20、20、50、50、100、100、200、200、500、500；纵向

网格数为 57(包括 2 个空气网格),各单元纵向宽度(单位:m)为 200、200、50、50、20、20、20、20、20、20、20、20、20、20、20、20、20、20、20、20、20、20、20、20、20、20、20、20、20、20、20、20、20、20、20、20、20、20、20、20、20、20、20、20、20、20、20、20、20、20、20、50、50、200。选用 15 Hz、70 Hz、130 Hz、210 Hz 和 320 Hz 五个频点进行模拟。TM 极化模式各网格参数参照 TE 极化模式,纵向网格比 TE 极化模式少了 2 个空气网格。

1. 基底电阻率为无穷大的情况,即 $\rho_3 \to \infty$

根据垂直接触面为高阻基底条件,在 TE 极化模式时进行的有限元数值模拟结果而绘制的电位曲线图如图 4-6 所示。图中左侧低电阻率岩体对应低电位,右侧高电阻率岩体对应高电位。

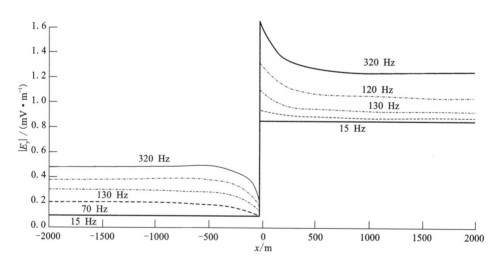

图 4-6　高阻基底垂直接触面的天然电场水平分量曲线图

图 4-6 中 TE 极化模式的曲线形态与解析解所绘曲线的形态基本一致[见图 3-3(a)],数值的大小在同一数量级但是略有区别。由于在采用有限单元法模拟时,计算的水平剖面范围大,曲线形态在接触带附近的变化更加清晰。在 TE 极化模式下,随着频率的减小,即探测深度的增加,受基底的影响越来越大,左、右两部分岩体所测电位的差异逐渐减小。电场水平分量的大小随着频率的增高而明显增大。

2. 基底为理想导体的情况,即 $\rho_3 \to 0$

图 4-7 为垂直接触面为理想导体基底情况下、TM 极化模式时进行的有限元

数值模拟结果。同样与电性分布一致,左侧低电阻率岩体对应低电位,右侧高电阻率岩体对应高电位;曲线的整体变化趋势与图4-6高阻基底TE极化的情况下类似,在远离断层接触带的地方曲线趋于水平,说明断层的影响越来越小。

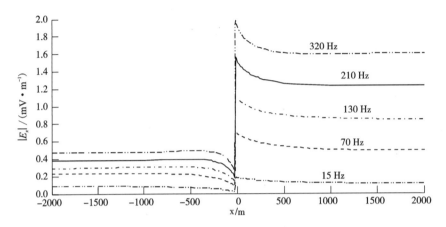

图4-7 良导基底垂直接触面的天然电场水平分量曲线图

图4-7的计算结果与前文图3-4的解析解曲线基本一致,计算的数值大小在同一数量级但略有区别。随着频率的减小,即探测深度的增加,受基底的影响越来越大,左、右两部分岩体所测电位的差异逐渐减小;随着频率的增大,电场的总体幅度增大,异常更加清晰。

4.4.2 单个异常体模型

对于非规则地质体,是无法求取解析解的,此时采用有限元的方法就比较实用可行。

图4-8为单个异常体模型示意图,围岩电阻率为ρ_1,异常体电阻率为ρ_2,横向宽度为d_m,厚度为40 m。下面分别对高阻异常体、低阻异常体两种情况进行正演模拟分析。由于野外实地勘探时,测量电极一般都是沿主剖面方向移动,即采用平行移动法观测,所以下面主要讨论TM极化模式。

网格参数:TM极化模式横向网格数为58,各单元格横向长度(单位:m)为200、200、100、100、100、100、100、50、50、50、50、50、50、50、50、50、50、50、50、50、50、50、50、50、50、50、50、50、50、50、50、50、50、50、50、50、50、50、50、50、50、50、50、50、50、50、50、50、50、50、100、100、100、100、100、200、200;纵向网格数为50,单元纵向长度均为20 m。选用15 Hz、70 Hz、130 Hz、210 Hz和320 Hz五个频点进行模拟。

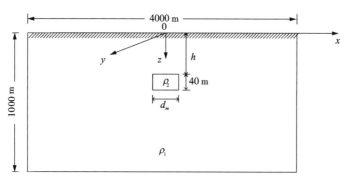

图 4-8 单个异常体模型示意图

1. 低阻异常体情况

（1）电场强度随频率 f 的变化

假定图 4-8 模型中围岩的电阻率 $\rho_1 = 1000\ \Omega \cdot m$，异常体电阻率 $\rho_2 = 100\ \Omega \cdot m$、横向宽度 $d_m = 300\ m$、异常体顶部埋深 $h = 60\ m$。首先，研究地表电场水平分量随信号频率（$f = 15\ Hz$、$70\ Hz$、$130\ Hz$、$210\ Hz$ 和 $320\ Hz$）的变化而变化的规律，图 4-9 为有限元正演模拟结果。

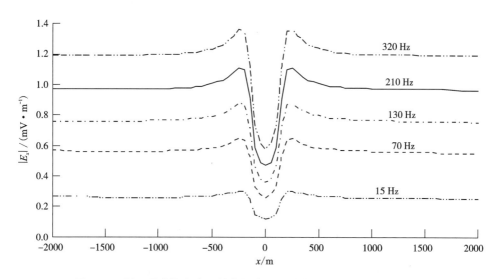

图 4-9 低阻异常体上方天然电场水平分量大小随频率的变化曲线图

由图 4-9 可见，在 TM 极化模式下，地表主剖面上水平电场分量 E_x 的变化曲线是对于异常体对称的，在低阻异常体的正上方出现极小值，异常体正上方低阻异常的宽度大致与异常体的横向宽度相当；在异常体边界附近靠近围岩一侧，出现对称的极大值；随着水平距离逐渐增大，即远离异常体的位置，水平电场分量 E_x 的递变逐渐减小，最后趋近于一固定值。

从图 4-9 的总体变化来看，随着频率的升高，电场强度大小总体升高，电场的背景场值也增大，曲线总体往上抬升。另外，随着频率的升高，异常的极大值与极小值之间的差值变大，低阻异常更加明显。

（2）电场强度随低阻体电阻率 ρ_2 的变化

假定图 4-8 模型中围岩的电阻率 $\rho_1 = 1000\ \Omega \cdot m$，异常体横向宽度 $d_m = 300\ m$、异常体顶部埋深 $h = 60\ m$，电磁场信号的频率 $f = 320\ Hz$。图 4-10 为地表主剖面上，TM 极化模式下，地表电场水平分量随异常体电阻率 ρ_2 的变化；此时，ρ_2 的取值分别为 $1\ \Omega \cdot m$、$10\ \Omega \cdot m$、$100\ \Omega \cdot m$。

图 4-10 中，点划线、实线、虚线分别代表 ρ_2 为 $1\ \Omega \cdot m$、$10\ \Omega \cdot m$、$100\ \Omega \cdot m$ 时的模拟计算结果。由计算结果可知，随着低阻异常体电阻率的增大，异常的幅度也逐渐减小，并且异常的极小值逐渐增大。另外，随着 ρ_2 的增大，异常曲线的极大值与极小值之差也变小。

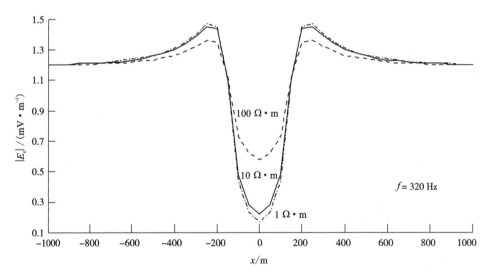

图 4-10　天然电场水平分量大小随低阻体 ρ_2 的变化曲线图

（3）电场强度随低阻体宽度 d_m 的变化

假定模型图 4-8 中围岩的电阻率 $\rho_1 = 1000\ \Omega \cdot m$；电磁场信号的频率 $f = 210\ Hz$；异常体电阻率值 $\rho_2 = 10\ \Omega \cdot m$、其顶部埋深 h 为 $60\ m$、横向宽度 d_m 分别取 $100\ m$、$300\ m$ 和 $600\ m$，采用有限元正演的方法分别可得到在三种横向宽度情况

下地表主剖面的水平电场大小。

图 4 – 11 中点划线、实线、虚线分别为 $d_m = 100$ m、300 m 和 600 m 时的正演模拟结果。当异常体横向宽度 $d_m = 100$ m 时，对应的电场强度的异常相对幅度和异常宽度相对较小。随着 d_m 的增大（$d_m = 300$ m 或 600 m 时），异常的相对幅度增大，即极小值变小，极大值增大；低值异常区的宽度随 d_m 的增大也逐渐增大，最后中部的低值异常变为一"U"字型，异常的极小值减小到一定程度之后就趋近于某一常值，不再继续变小，例如图 4 – 11 中 d_m 分别为 300 m 和 600 m 时的极小值相等。

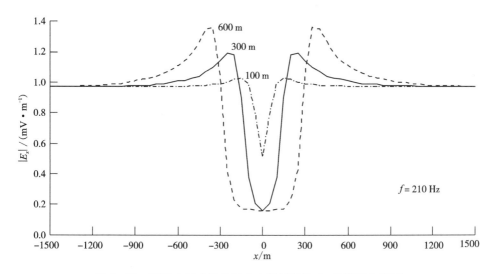

图 4 – 11　天然电场水平分量大小随低阻体 d_m 的变化曲线图

（4）电场强度随低阻体埋深 h 的变化

假定模型图 4 – 8 中围岩的电阻率 $\rho_1 = 1000$ Ω·m；电磁场信号的频率 $f = 320$ Hz；异常体电阻率值 $\rho_2 = 10$ Ω·m、横向宽度 $d_m = 300$ m，其顶部埋深 h 分别为 60 m、300 m 和 600 m 时，采用有限元正演的方法分别可得三种埋深情况下地表主剖面的水平电场曲线。

图 4 – 12 中，虚线、实线、点画线分别代表异常体顶部埋深为 600 m、300 m 和 60 m 时，TM 极化情况下地表主剖面上电场强度的正演模拟结果。随着低阻异常体埋藏深度的变浅，低阻异常特征越来越明显；当埋深为 600 m 时，电场强度曲线在图中几乎变成了一条直线。这说明当异常体电阻率与围岩电阻率固定且异常体大小一定时，随着异常体的埋藏深度的增加，异常越来越不明显，达到一定深度以后，在地面上很难观测到异常的存在。

在天然电场选频法的实践应用中，天然信号一般都不是很强，这就对勘探设备提出了较高的要求。就作者的实践应用经验来看，天然电场选频法以目前市场上的商用选频仪为工具，主要应用于浅层水文地质工程地质中，因为异常体埋深太大之后，信号太弱，以致异常不明显或不可靠。以作者目前在地下水勘探中的效果来看，应用中最大的有效成井深度约为 380 m，但一般有效的勘探深度大多在 200 m 之内。

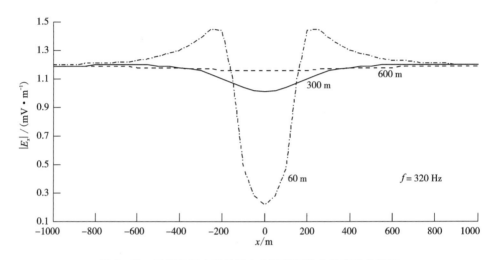

图 4 – 12   天然电场水平分量大小随低阻体 h 的变化曲线图

2. 高阻异常体情况

假定模型图 4 – 8 中围岩电阻率 $\rho_1 = 10\ \Omega \cdot m$。与前面低阻异常体正演类似，模拟分析 TM 极化模式下，地表主剖面上电场强度水平分量 E_x 的大小随异常体电阻率 ρ_2 的大小、异常体横向宽度 d_m 大小及异常体顶部埋深 h 等三种参数变化时的情况。

（1）电场强度随频率 f 的变化

假定模型中高阻异常体的电阻率 $\rho_2 = 100\ \Omega \cdot m$，横向宽度 $d_m = 300\ m$，顶部埋藏深度 $h = 60\ m$；电磁场信号的频率为 320 Hz。

图 4 – 13 为选取上述假设参数对高阻异常体进行模拟时 TM 极化的正演模拟结果。图中绘制了 70 Hz、130 Hz、210 Hz 和 320 Hz 四种频率情况下地表电场强度 $|E_x|$ 在地表主剖面上的变化情况。由模拟可知，异常体为高阻体时，在异常体上部表现为相对高阻异常曲线形态；电场强度的大小随着频率的升高而增强，频率越高异常越明显，但异常总体上没有低阻体那样明显（参见图 4 – 9）。另外，随着频率的增大，高阻异常区的宽度也有变宽的趋势；当探测频率降低时（如 $f = 70$

Hz 时），电场强度曲线为一直线，高阻体上部无异常存在，这可能是由于频率低，勘探深度增大，浅部高阻异常体的影响变弱所致。

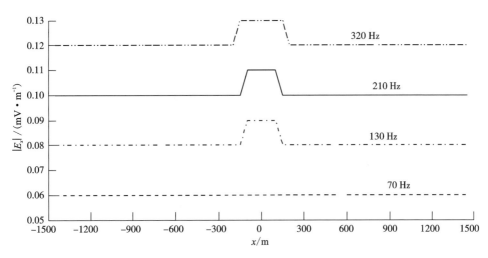

图 4 - 13　天然电场水平分量大小随频率的变化曲线图

（2）电场强度随高阻体电阻率 ρ_2 的变化

假定图 4 - 8 模型中围岩的电阻率 $\rho_1 = 10$ Ω·m，异常体横向宽度 $d_m = 300$ m、异常体顶部埋深 $h = 60$ m，电磁场信号的频率 $f = 210$ Hz。图 4 - 14 为地表主剖面上，TM 极化模式下，地表电场水平分量随异常体电阻率 ρ_2 的变化情况；此时，ρ_2 的取值分别为 100 Ω·m、1000 Ω·m、2000 Ω·m。

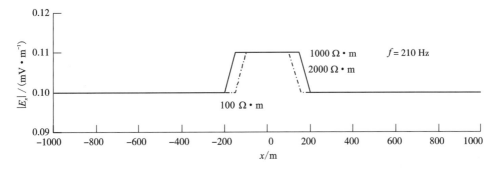

图 4 - 14　天然电场水平分量大小随高阻体 ρ_2 的变化曲线图

图 4 - 14 为地表电场强度大小随高阻体电阻率 ρ_2 的变化曲线图，其中虚线为 $\rho_2 = 100$ Ω·m 时的计算结果，实线分别为 ρ_2 等于 1000 Ω·m 和 2000 Ω·m 时的

计算结果,两者曲线重合。由图中模拟结果可知,随着异常体电阻率的增高,高阻异常区的宽度增大;但 ρ_2 增加到一定程度后曲线变化不大,如 ρ_2 为 1000 Ω·m 和 2000 Ω·m时的曲线就基本上没有什么差别。

(3)电场强度随高阻体宽度 d_m 的变化

假定图 4-8 模型中围岩的电阻率 $\rho_1 = 10$ Ω·m,异常体的 $\rho_2 = 1000$ Ω·m,顶部埋深 $h = 60$ m,电磁场信号的频率 $f = 210$ Hz。图 4-15 为地表主剖面上、TM极化模式下,地表电场水平分量随异常体横向宽度 d_m 的变化情况;此时,d_m 的取值分别为 100 m、300 m 和 600 m。

图 4-15 中,点画线、实线、虚线分别代表高阻体横向宽度分别为 100 m、300 m 和 600 m 时的模拟结果。由模拟结果可知,高阻异常的范围随着高阻体横向宽度 d_m 的增加而明显增大;但在本次模拟的网格情况下,曲线的极小值、极大值随 d_m 的大小没有变化。

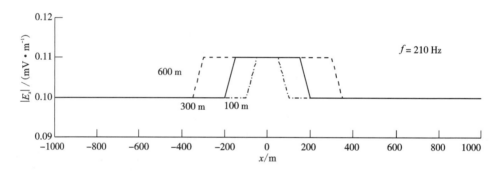

图 4-15 天然电场水平分量大小随高阻体 d_m 的变化曲线图

(4)电场强度随高阻体埋深 h 的变化

假定图 4-8 模型中围岩的电阻率 $\rho_1 = 10$ Ω·m;电磁场信号的频率 $f = 320$ Hz;异常体电阻率值 $\rho_2 = 1000$ Ω·m,横向宽度 $d_m = 300$ m,其顶部埋深 h 分别为 60 m、180 m 和 300 m 时,采用有限元正演方法分别可获得三种埋深情况下地表主剖面的水平电场曲线。

图 4-16 中,虚线为高阻体的顶部埋深为 60 m 时的模拟结果,异常体正上方附近有明显的高阻异常存在,当距异常体中心左右各 200 m 之外,电场强度大小趋于背景场。当异常体埋深分别为 180 m、300 m 时,地表电场曲线表现为一条直线(见图 4-16 中的实线),无异常存在。

根据上面对单个低阻体和高阻体的模拟来看,低阻体异常总体上比高阻体异常明显,这说明实际工作中采用选频法寻找低阻体比较有利一些。

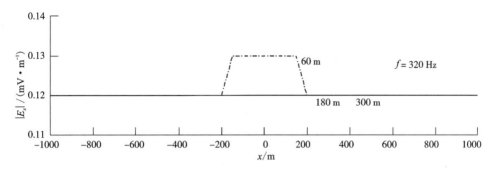

图 4-16 天然电场水平分量大小随高阻体 h 的变化曲线图

4.4.3 岩脉模型

1. 垂直岩脉

图 4-17 为垂直岩脉模型示意图,与前面图 3-5 相似,可建立相应的坐标系。假定围岩电阻率 $\rho_1 = 100\ \Omega \cdot m$,基底取高阻岩性(即 $\rho_3 = \infty$),岩脉电阻率为 ρ_2、宽度 L 为 400 m。下面分为低阻岩脉、高阻岩脉两种情况进行正演模拟分析。

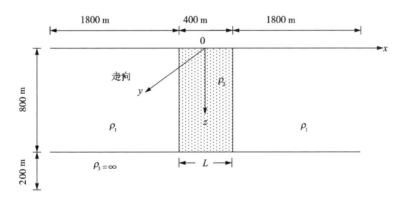

图 4-17 垂直岩脉模型示意图

网格参数:TM 极化模式横向网格数为 58,各单元横向长度(单位:m)为 200、200、100、100、100、100、50、50、50、50、50、50、50、50、50、50、50、50、50、50、50、50、50、50、50、50、50、50、50、50、50、50、50、50、50、50、50、50、50、50、50、50、50、50、50、50、50、50、50、50、50、50、50、100、100、100、100、100、200、200;纵向网格数为 50,单元纵向长度均为 20 m。模拟时,选用的电磁场频率分

别为 15 Hz、70 Hz、130 Hz、210 Hz 和 320 Hz。

(1)低阻垂直岩脉

假定模型(图 4－17)中的 $\rho_2 = 10\ \Omega \cdot m$，即相对于围岩而言是低阻岩脉，则由有限元法正演可得 TM 极化情况下，地表主剖面上电场水平分量的分布情况如图 4－18 所示。由模拟结果可知，其曲线特征与解析解的计算结果相同[参见图3－8(a)]；电场曲线关于垂直岩脉对称，在岩脉正上方存在一明显的低电位区域，在岩脉边界上电场出现跳跃；每个频率电场强度的极小值、极大值均出现在接触边界附近。随着电磁场频率的减小，异常曲线的整体幅度下降，并且极大值与极小值之间的台阶式差异也减小。

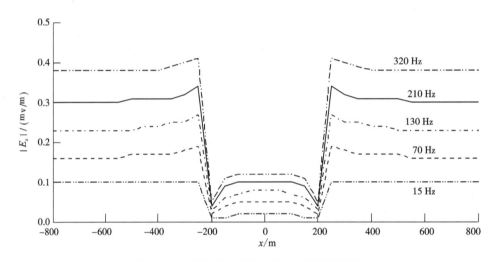

图 4－18　低阻垂直岩脉电场水平分量曲线图

(2)高阻垂直岩脉

假定模型(图 4－17)中的 $\rho_2 = 1000\ \Omega \cdot m$，即相对于围岩而言是高阻岩脉，则由有限元法正演可得 TM 极化情况下，地表主剖面上水平电场分量的分布情况如图 4－19 所示。由模拟结果可知，其曲线特征与高阻垂直岩脉的解析解计算结果相同[参见图3－8(b)]；电场曲线关于垂直岩脉对称，在岩脉正上方存在一明显的高电位区域，在岩脉边界上电场出现跳跃；每个频率电场强度的极小值、极大值均出现在接触边界附近。随着电磁场频率的减小，异常曲线的整体幅度上升，并且极大值与极小值之间的台阶式差异也同样有减小趋势。

通过上面对垂直接触面(即垂直断层)、岩脉等简单规则地质地球物理模型的正演模拟，以及与解析解的对比分析可知，有限单元法模拟天然电场选频法地面电场水平分量的分布是可行的。但在有限元正演过程中，为提高模拟的精度，需进一步细分网格或采用其他精度更高的网格剖分方法，但这样会使单元数和节点数增加，大大增加计算模拟的时间。

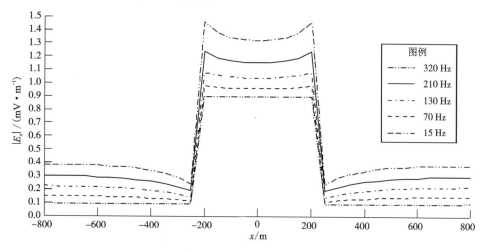

图 4 - 19　高阻垂直岩脉电场水平分量曲线图

2. 倾斜岩脉

电磁法求解中，只能对几种非常简单的地质地球物理模型进行解析求解，而实际工作中地质条件是非常复杂的，此时有限元法就可发挥其重要作用。下面将图 4 - 17 中的垂直岩脉模型稍加变换，将垂直岩脉换为倾斜岩脉；此时无法开展解析求解，下面采用有限元法对其进行模拟分析。

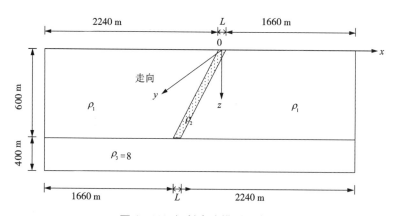

图 4 - 20　倾斜岩脉模型示意图

图 4 - 20 为向左倾斜的岩脉模型示意图。假设围岩的电阻率 $\rho_1 = 100\ \Omega \cdot m$，基底为高阻（即 $\rho_1 = \infty$），岩脉电阻率为 ρ_2、水平方向的宽度 $L = 100\ m$。下面在

TM 极化模式下，将倾斜岩脉假定为低阻、高阻两种情况分别进行正演模拟分析。

网格参数：横向网格数为 64，各单元横向长度（单位：m）为 500、500、200、100、100、50、50、20、20、20、20、20、20、20、20、20、20、20、20、20、20、20、20、20、20、20、20、20、20、20、20、20、20、20、20、20、20、20、20、20、20、20、20、20、20、20、20、20、20、20、20、20、20、50、50、100、100、200、500、500；纵向网格数为 50，单元纵向长度均为 20 m。分别选用 15 Hz、70 Hz、130 Hz、210 Hz 和 320 Hz 进行模拟计算。

（1）低阻倾斜岩脉

在上述假设的基础之上，进一步假定倾斜岩脉的电阻率 $\rho_2 = 10\ \Omega \cdot m$，则相对于围岩而言，倾斜岩脉变成了一个低阻体。图 4 – 21 为 TM 极化模式下，在所假定的低阻倾斜岩脉情况下地表电场水平分量的正演模拟曲线图。

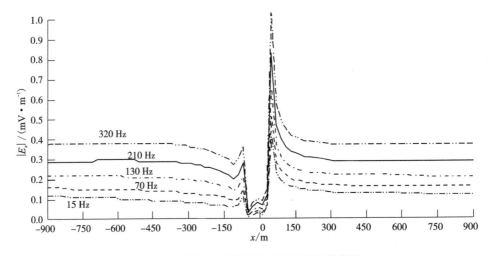

图 4 – 21　低阻倾斜岩脉电场水平分量曲线图

由图 4 – 21 可知，地表电场曲线出现不对称，倾斜岩脉的正上方附近出现一明显的低电场异常区。选定的每个频率的电场曲线的极小值出现在脉状体的倾斜方向一侧的地表岩性接触面附近；并且在极小值的外侧（即离开岩脉的方向上），会出现一个局部极大值，随着离开岩脉距离的增大，场值逐渐趋于水平，即岩脉的影响逐渐减小至消失。选定的每个频率的电场曲线的极大值出现在反倾斜一边、地表岩性接触面附近，并且曲线的变化梯度较陡；然后，随着 x 的增大，场值逐渐减小，最终趋近于一固定值。结合电场强度极大值、极小值出现的规律，可以判断岩脉的倾斜方向；并且在倾斜岩脉的反倾斜一方，曲线趋近于水平趋势的速度快一些。在岩脉顶部附近的低电场异常区，电场曲线也存在一定的起伏现象。另外，总体来看，电场强度的整体幅度随着频率的降低而减小。

（2）高阻倾斜岩脉

与上述低阻倾斜岩脉的假定类似，倾斜岩脉的电阻率值 $\rho_2 = 1000\ \Omega \cdot m$，则相对于围岩而言，倾斜岩脉变成了一个高阻体。图 4 – 22 为 TM 极化模式下，所假定的高阻倾斜岩脉情况下地表电场水平分量的正演模拟曲线图。

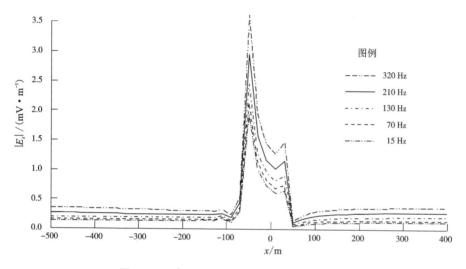

图 4 – 22　高阻倾斜岩脉电场水平分量曲线图

由高阻倾斜岩脉的模拟结果图 4 – 22 可知，地表电场曲线也不对称，倾斜岩脉的正上方附近出现一明显的高电场异常区，这指明了岩脉相对于围岩的导电性。在高电场异常区段内，电场曲线也存在一定的起伏现象，总体上是由倾斜方向向反倾斜方向场值逐渐递减，但中间出现一个局部的极小值和一个局部极大值。高值异常区的宽度比岩脉的横向宽度略大。

电场强度相对于频率的变化是，频率越高，电场强度越大；所以电场强度曲线的整体幅度随着频率的增大而升高。

每个频率的电场曲线的极小值出现在脉状体反倾斜方向一侧的地表岩性接触面附近；并且在极小值的外侧（即 x 沿正向增大），电场值缓慢增大，并逐渐趋近于水平。选定的每个频率的电场曲线的极大值出现在岩脉倾斜一边、地表岩性接触面附近，并且曲线在该点附近变化梯度较陡；随着 x 沿负值方向的增大，电场强度值迅速递减，并在 $x = -90\ m$ 的地方出现较明显的局部极小值，在随着距离的增大隐约有一点不太明显的起伏变化，后面曲线形态总体趋于平缓，近似水平。可由高阻体的极大值与极小值的特征判断脉状体的倾斜方向。

本章主要研究了天然电场选频法的二维有限元正演模拟方法，尽管在横向上采用了非均匀网格剖分, 在一定程度上提高了模拟的精度, 但为探讨方法的有效性, 加快模拟的速度, 采用的是矩形网格, 且模型尺寸的选取也较大。实践应用中, 选频法探测的深度一般都较浅, 可能大多小于 150 m; 所以, 今后还需做进一步的研究, 采用精度更高的网格剖分方法, 针对浅层较小的复杂目标体做进一步的深入研究。

第 5 章　均匀交变磁场中的圆柱体模型与选频法场源

为进一步研究剖面法观测中天然电场选频法的异常形成原因，在低阻含水体上为何明显存在如图 1 - 3、图 1 - 4 的低电位异常，本章从一个简单的圆柱体模型开始探讨，从麦克斯韦方程组和边界条件出发，求取均匀垂直谐变一次磁场中良导水平圆柱体内的外磁场矢量位，从而推导出球外和圆柱体外感应二次电场的解析计算式；再对理论模型进行模拟计算，获得地表主剖面上感应二次电场异常曲线。在此基础上，对天然电场选频法的一次场场源问题进行探讨。

5.1　均匀交变磁场中水平圆柱体的电磁异常

地下介质中存在水平方向的交变电场时，导电体在其作用下产生的电位异常类似于常规电阻率法中的中间梯度法异常，在此暂不讨论。下面主要先研究均匀谐变磁场分量作用下低阻水平圆柱体异常响应特征[89, 92, 94]。

5.1.1　理论基础

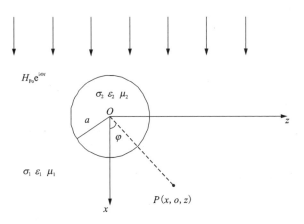

图 5 - 1　均匀谐变磁场中的水平导电圆柱体

1. 理论推导

在均匀无限的介质 1 中，有一个半径为 a，充满了介质 2 的无限长圆柱体。σ_1、ε_1、μ_1 分别代表介质 1 的电导率、介电常数和磁导率，σ_2、ε_2、μ_2 则为介质 2 的相应参数。

如图 5 – 1 所示，在整个空间天然的或人工建立起的均匀谐变场 $H_P = H_{P_0} e^{i\omega t}$ 中，H_P 的方向与水平圆柱体的走向垂直。直角坐标系原点位于圆柱体的中心，x 轴沿 H_P 方向（即垂直地面向下），y 轴沿圆柱体轴线（即垂直于纸面向内），z 轴平行于地面；同时建一个原点与直角坐标系相同、r – φ 平面与 xoz 平面重合、φ 角从 x 轴算起的圆柱坐标系统（见图 5 – 1）。

根据第 2 章的分析可知，在地球物理勘探常见的介质和频率范围内，位移电流可以忽略。圆柱体内外的电磁场服从如下的麦克斯韦方程组

$$
\begin{cases}
\nabla \times \boldsymbol{E} = -\dfrac{\partial \boldsymbol{B}}{\partial t} = -\mathrm{i}\omega\mu\boldsymbol{H} & (5-1\text{a}) \\[2mm]
\nabla \times \boldsymbol{H} = \sigma\boldsymbol{E} & (5-1\text{b}) \\[2mm]
\nabla \cdot \boldsymbol{H} = 0 & (5-1\text{c}) \\[2mm]
\nabla \cdot \boldsymbol{E} = 0 & (5-1\text{d})
\end{cases}
$$

选择电类型的矢势 $\boldsymbol{A}$，设

$$\boldsymbol{H} = \nabla \times \boldsymbol{A} \qquad (5-2)$$

在前面所选取的圆柱体坐标中，上式的分量形式是[113]

$$
\begin{cases}
H_r = \dfrac{1}{r}\dfrac{\partial A_y}{\partial \varphi} - \dfrac{\partial A_\varphi}{\partial y} & (5-3\text{a}) \\[3mm]
H_\varphi = \dfrac{\partial A_r}{\partial y} - \dfrac{\partial A_y}{\partial r} & (5-3\text{b}) \\[3mm]
H_y = \dfrac{1}{r}\left[\dfrac{\partial}{\partial r}(rA_\varphi) - \dfrac{\partial A_r}{\partial \varphi} \right] & (5-3\text{c})
\end{cases}
$$

由于一次场（即外加场）只有沿 x 方向的分量 H_P。根据电磁感应规律，感应电流的磁场总是抵消原来磁场的变化。所以，感应电流产生的二次磁场也只有 x 方向的分量，即一次、二次场都没有 y 分量，于是式（5 – 3c）变成

$$H_y = 0 \qquad (5-4)$$

又由于场和介质的分布沿 y 方向都没有变化，应有

$$\frac{\partial A_\varphi}{\partial y} = 0, \qquad \frac{\partial A_r}{\partial y} = 0 \qquad (5-5)$$

故式（5 – 3a）、式（5 – 3b）分别简化为

$$H_r = \frac{1}{r}\frac{\partial A_y}{\partial \varphi} \qquad (5-6)$$

$$H_\varphi = -\frac{\partial A_y}{\partial r} \tag{5-7}$$

这就说明，本文提出的问题可以只用矢势的一个分量 A_y 来求解。不难证明，矢势 A_y 满足亥姆霍兹方程

$$\nabla^2 A_y + k^2 A_y = 0 \tag{5-8}$$

式中，k 为介质的波数。在忽略位移电流的前提下

$$k_{1,2}^2 = -i\omega\mu_{1,2}\sigma_{1,2} \tag{5-9}$$

式中，下标 1、2 分别指代介质 1、2。

方程式(5-8)的通解为

$$A_y = \sum_{n=1}^{\infty} (A_n\cos n\varphi + B_n\sin n\varphi)[C_n J_n(kr) + D_n Y_n(kr)] \tag{5-10}$$

式中，$J_n(kr)$、$Y_n(kr)$ 分别为 n 阶第一、第二类贝塞尔函数，A_n、B_n、C_n、D_n 为解微分方程引入的积分常数，它们的值由问题的边界条件决定。通解式(5-10)中排除了 $n=0$ 的项，因为 $n=0$ 的解不适合此处讨论的问题。

在柱体内的介质 2 中，波数 k 应取 k_2。为满足 $r \to 0$ 时场及矢势应当有限的条件，必须弃去函数 $Y_n(k_2 r)$ 项，保留函数 $J_n(k_2 r)$ 项，将解写为

$$A_{y2} = \sum_{n=1}^{\infty} (A_{n2}\cos n\varphi + B_{n2}\sin n\varphi)J_n(k_2 r) \tag{5-11}$$

式(5-11)中，常数 C_n 已合并到 A_{n2}、B_{n2} 中。

在柱体外的介质 1 中，k 应取 k_1。考虑到 $k_1 \to 0$ 时(例如 $\sigma_1 \to 0$ 或者 $\omega \to 0$)，场仍然存在，故应弃去 $J_n(k_2 r)$ 项而保留 $Y_n(k_2 r)$ 项，将解写作：

$$A_{y1} = \sum_{n=1}^{\infty} (A_{n1}\cos n\varphi + B_{n1}\sin n\varphi)Y_n(k_1 r) \tag{5-12}$$

式中，常数 $=D_n$ 已合并到 A_{n1}、B_{n1} 中去。

在介质 1 和介质 2 的交界面，即柱体表面上，场应满足的边界条件是磁感应强度 $B(B = \mu H)$ 的法向分量连续

$$\mu_1 H_{r1} = \mu_2 H_{r2}, \quad (r = a) \tag{5-13}$$

磁场强度 H 的切向分量连续

$$H_{\varphi 1} = H_{\varphi 2}, \quad (r = a) \tag{5-14}$$

运用上述边界条件时，必须考虑到整个空间存在的一次场 H_P。为此将介质 1 中的场看成是一次场和二次场的综合场，而把介质 1 中的场写成两项的叠加，其中的第一项是 H_P，它的两个分量是

$$H_r^1 = H_P \cdot \cos\varphi \tag{5-15}$$

$$H_\varphi^1 = -H_P \cdot \sin\varphi \tag{5-16}$$

参考前面的式(5-6)、式(5-7)，另一项可由矢势 A_{y1} 的微分写出

$$
\begin{cases}
H_{r1}^2 = \dfrac{1}{r}\dfrac{\partial A_{y1}}{\partial \varphi} & (5-17a) \\[2mm]
H_{\varphi1}^2 = -\dfrac{\partial A_{y1}}{\partial r} & (5-17b)
\end{cases}
$$

式(5-15)至式(5-17)中，H 的上标1、2分别代表一次场、二次场。于是边界条件式(5-13)、式(5-14)成为

$$
\mu_1\left(H_P \cdot \cos\varphi + \frac{1}{r}\frac{\partial A_{y1}}{\partial \varphi}\right) = \mu_2 \frac{1}{r}\frac{\partial A_{y2}}{\partial \varphi} \qquad (r=a) \qquad (5-18)
$$

$$
-H_P \cdot \sin\varphi - \frac{\partial A_{y1}}{\partial r} = -\frac{\partial A_{y2}}{\partial r} \qquad (r=a) \qquad (5-19)
$$

根据式(5-18)、式(5-19)列出的边界方程，已经考虑了一次场 H_P 的存在。

将式(5-11)、式(5-12)代入式(5-18)、式(5-19)，得到一组确定 A_{n1}、A_{n2}、B_{n1}、B_{n2} 的代数方程(即边界方程)：

$$
\mu_1\left[H_P \cdot \cos\varphi + \frac{1}{a}\sum_{n=1}^{\infty}(-A_{n1}\cdot n\cdot \sin n\varphi + B_{n1}\cdot n\cdot \cos n\varphi)\cdot Y_n(k_1 a)\right]
$$
$$
= \mu_2 \cdot \frac{1}{a}\sum_{n=1}^{\infty}(-A_{n2}\cdot n\cdot \sin n\varphi + B_{n2}\cdot n\cdot \cos n\varphi)\cdot J_n(k_2 a) \qquad (5-20)
$$

$$
H_P\sin\varphi + \sum_{n=1}^{\infty}(A_{n1}\cdot \cos n\varphi + B_{n1}\cdot \sin n\varphi)\cdot k_1\cdot Y'_n(k_1 a)
$$
$$
= \sum_{n=1}^{\infty}(A_{n2}\cdot \cos n\varphi + B_{n2}\cdot \sin n\varphi)\cdot k_2\cdot J'_n(k_2 a) \qquad (5-21)
$$

式中，贝塞尔函数右上角的"′"号表示求导数。

比较式(5-20)、式(5-21)中三角函数的系数，可以看出，由于一次场的项只含有 $\cos\varphi$、$\sin\varphi$，当且仅当 $n=1$ 时上两式方能成立，或者说当 $n\neq 1$ 时，A_{n1}、A_{n2}、B_{n1}、B_{n2} 均为 0，则式(5-20)、式(5-21)简化为：

$$
\mu_1\left[H_P \cdot \cos\varphi + \frac{1}{a}(-A_{11}\cdot \sin\varphi + B_{11}\cdot \cos\varphi)\cdot Y_1(k_1 a)\right]
$$
$$
= \mu_2\cdot \frac{1}{a}\cdot(-A_{12}\cdot \sin\varphi + B_{12}\cdot \cos\varphi)\cdot J_1(k_2 a) \qquad (5-22)
$$

$$
H_P\sin\varphi + (A_{11}\cdot \cos\varphi + B_{11}\cdot \sin\varphi)\cdot k_1\cdot Y'_1(k_1 a)
$$
$$
= (A_{12}\cdot \cos\varphi + B_{12}\cdot \sin\varphi)\cdot k_2\cdot J'_1(k_2 a) \qquad (5-23)
$$

由此得到关于 A_{11}、A_{12}、B_{11}、B_{12} 的两个方程

$$
\mu_1\cdot \frac{1}{a}\cdot Y_1(k_1 a)\cdot A_{11} - \mu_2\cdot \frac{1}{a}\cdot J_1(k_2 a)\cdot A_{12} = 0 \qquad (5-24)
$$

$$
k_1\cdot Y'_1(k_1 a)\cdot A_{11} - k_2\cdot J'_1(k_2 a)\cdot A_{12} = 0 \qquad (5-25)
$$

和

$$\mu_1 \cdot \frac{1}{a} \cdot Y_1(k_1 a) \cdot B_{11} - \mu_2 \cdot \frac{1}{a} \cdot J_1(k_2 a) \cdot B_{12} = -\mu_1 \cdot H_P \quad (5-26)$$

$$k_1 \cdot Y_1'(k_1 a) \cdot B_{11} - k_2 \cdot J_1'(k_2 a) \cdot B_{12} = -H_P \quad (5-27)$$

在此研究的"导电介质中、导电导磁圆柱体"这一范围内，显然第一个方程组 [即式(5-24)、式(5-25)]的解是

$$A_{11} = A_{12} = 0 \quad (5-28)$$

同时，利用贝塞尔函数之间的如下关系式

$$J_{n+1}(x) = \frac{2n}{x} J_n(x) - J_{n-1}(x), \qquad J_n'(x) = \frac{1}{2}[J_{n-1}(x) - J_{n+1}(x)]$$

$$Y_{\nu+1}(x) = \frac{2\nu}{x} Y_\nu(x) - Y_{\nu-1}(x), \qquad Y_\nu'(x) = \frac{1}{2}[Y_{\nu-1}(x) - Y_{\nu+1}(x)]$$

可得第二个方程组[即式(5-26)、式(5-27)]的解为

$$B_{11} = \frac{[\mu_1 \cdot k_2 \cdot a \cdot J_0(k_2 a) - (\mu_1 + \mu_2) \cdot J_1(k_2 a)] H_P}{\left(\frac{\mu_1 - \mu_2}{a}\right) \cdot J_1(k_2 a) \cdot Y_1(k_1 a) + \mu_2 \cdot k_1 \cdot Y_0(k_1 a) \cdot J_1(k_2 a) - \mu_1 \cdot k_2 \cdot Y_1(k_1 a) \cdot J_0(k_2 a)}$$

$$= \frac{[\mu_1 \cdot k_2 \cdot a \cdot J_0(k_2 a) - (\mu_1 + \mu_2) \cdot J_1(k_2 a)] \cdot H_{P0} e^{-i\omega t}}{\left(\frac{\mu_1 - \mu_2}{a}\right) \cdot J_1(k_2 a) \cdot Y_1(k_1 a) + \mu_2 \cdot k_1 \cdot Y_0(k_1 a) \cdot J_1(k_2 a) - \mu_1 \cdot k_2 \cdot Y_1(k_1 a) \cdot J_0(k_2 a)}$$

$$(5-29)$$

$$B_{12} = \frac{\mu_1 \cdot Y_0(k_1 a) \cdot k_1 a \cdot H_P - 2\mu_1 \cdot Y_1(k_1 a) \cdot H_P}{\left(\frac{\mu_1 - \mu_2}{a}\right) \cdot J_1(k_2 a) \cdot Y_1(k_1 a) + \mu_2 \cdot k_1 \cdot Y_0(k_1 a) \cdot J_1(k_2 a) - \mu_1 \cdot k_2 \cdot Y_1(k_1 a) \cdot J_0(k_2 a)}$$

$$= \frac{[\mu_1 \cdot Y_0(k_1 a) \cdot k_1 a - 2\mu_1 \cdot Y_1(k_1 a)] \cdot H_{P0} e^{-i\omega t}}{\left(\frac{\mu_1 - \mu_2}{a}\right) \cdot J_1(k_2 a) \cdot Y_1(k_1 a) + \mu_2 \cdot k_1 \cdot Y_0(k_1 a) \cdot J_1(k_2 a) - \mu_1 \cdot k_2 \cdot Y_1(k_1 a) \cdot J_0(k_2 a)}$$

$$(5-30)$$

由式(5-6)、式(5-7)和式(5-15)至式(5-17)可得，在柱体外观测到的磁场是

$$H_{r总} = H_P \cdot \cos\varphi + \frac{1}{r}\frac{\partial A_{y1}}{\partial \varphi}$$

$$H_{\varphi总} = -H_P \cdot \sin\varphi - \frac{\partial A_{y1}}{\partial r}$$

$$H_y = 0$$

柱外感应二次电场为：

$$E_y = -i\omega\mu_1 A_{y1}$$

再由式(5-12)及其后面的推导可知

$$A_{y1} = \sum_{n=1}^{\infty} B_{n1}\sin n\varphi \cdot Y_n(k_1 r) = B_{11}\sin\varphi \cdot Y_1(k_1 r)，（仅当 n=1 时有意义）$$

所以，可得柱外的磁场各分量大小为

$$
\begin{cases}
H_{r总} = H_P \cdot \cos\varphi + \dfrac{1}{r} \cdot B_{11} \cdot \cos\varphi \cdot Y_1(k_1 r) & (5-31a) \\[2mm]
H_{\varphi总} = -H_P \cdot \sin\varphi - B_{11} \cdot k_1 \cdot \sin\varphi \cdot Y_1'(k_1 r) & (5-31b) \\[2mm]
H_y = 0 & (5-31c)
\end{cases}
$$

柱外感应二次电场为：

$$
E_y = -\mathrm{i}\omega\mu_1 \cdot B_{11}\sin\varphi \cdot Y_1(k_1 r) \tag{5-32}
$$

同理可以写出柱体内的场，但在地球物理勘探中，场的观测大多是在目标体外进行的，人们感兴趣的是柱体外的场。所以，柱体内的场就不在此讨论了。

2. 几种特殊情况的讨论

上面选用地球物理勘探中不常用的第二类贝塞尔函数 $Y_n(x)$ 作为地球物理问题的解，得到的公式与前人的公式实质上是相同的。下面讨论 4 种极限条件情况，就可认识到结果的正确性。这些极限条件是：

(1)如果 $\sigma_1 \to 0$，使得 $k_1 \to 0$，即周围介质不导电，其中位移电流和传导电流都可以忽略，表达式(5-31a)、式(5-31b)就可转变为前人已经得到的公式[114]。

利用小宗量贝塞尔函数近似表达为：

$$
Y_1(x) \approx \frac{-2}{\pi x}, \qquad (x \to 0) \tag{5-33}
$$

$$
Y_0(x) \approx \frac{2}{\pi}\ln\frac{2}{x}, \qquad (x \to 0) \tag{5-34}
$$

利用上两式可将式(5-29)中的分母改写成

$$
\left(\frac{\mu_1-\mu_2}{a}\right) \cdot J_1(k_2 a) \cdot \frac{-2}{\pi k_1 a} + \mu_2 \cdot k_1 \cdot \frac{2}{\pi}\ln\frac{2}{k_1 a} \cdot J_1(k_2 a) - \mu_1 \cdot k_2 \cdot \frac{-2}{\pi k_1 a} \cdot J_0(k_2 a)
$$

当 $k_1 \to 0$ 时，上式第二项中的 $k_1 \cdot \ln\dfrac{2}{k_1 a}$ 成为不定式。利用洛比达法则不难证明

$$
\lim_{k_1 \to 0}\left(k_1 \cdot \ln\frac{2}{k_1 a}\right) \to 0 \tag{5-35}
$$

经过一些简单的运算，式(5-31a)、式(5-31b)化为

$$
H_{r总} = H_P \cdot \cos\varphi - \frac{[\mu_1 \cdot k_2 \cdot a \cdot J_0(k_2 a) - (\mu_1+\mu_2) \cdot J_1(k_2 a)] \cdot H_{P0}\mathrm{e}^{-\mathrm{i}\omega t}}{(\mu_2-\mu_1) \cdot J_1(k_2 a) + a \cdot \mu_1 \cdot k_2 \cdot J_0(k_2 a)} \cdot \frac{a^2 \cdot \cos\varphi}{r^2} \tag{5-36}
$$

$$
H_{\varphi总} = -H_P \cdot \sin\varphi - \frac{[\mu_1 \cdot k_2 \cdot a \cdot J_0(k_2 a) - (\mu_1+\mu_2) \cdot J_1(k_2 a)] \cdot H_{P0}\mathrm{e}^{-\mathrm{i}\omega t}}{(\mu_2-\mu_1)J_1(k_2 a) + a \cdot \mu_1 \cdot k_2 \cdot J_0(k_2 a)} \cdot \frac{a^2 \cdot \sin\varphi}{r^2} \tag{5-37}
$$

其中，式(5-37)的推导利用了公式 $Y_1'(x) = \dfrac{1}{2}\left[2Y_0(x) - \dfrac{2}{x} \cdot Y_1(x)\right] =$

$$Y_0(x) - \frac{1}{x} \cdot Y_1(x) \text{。}$$

式(5－36)、式(5－37)与前人的公式相比$^{[114]}$，介质编号的对应关系是完全一致的。但式(5－31a)、式(5－31b)既可用于 k_1 不趋于 0，即围岩为导电介质的情形；又可用于 k_1 趋于 0，即围岩介质不导电的情形，适用范围更广。

同理，式(5－32)可化为：

$$E_y = -\mathrm{i}\omega\mu_1 \cdot \frac{[\mu_1 \cdot k_2 \cdot a \cdot J_0(k_2 a) - (\mu_1 + \mu_2) \cdot J_1(k_2 a)] \cdot H_{P0} \mathrm{e}^{-\mathrm{i}\omega t}}{(\mu_1 - \mu_2) \cdot J_1(k_2 a) - \mu_1 \cdot k_2 \cdot a \cdot J_0(k_2 a)} \cdot \frac{a^2 \cdot \sin\varphi}{r} \qquad (5-38)$$

(2)若 $a \to 0$，柱体的半径越来越小以至于消失，则柱体引起的二次磁场应该归于消失，场归于均匀谐变的一次磁场。

在式(5－29)中，令 $a \to 0$。同样借助小宗量贝塞尔函数的近似式(5－33)、式(5－34)，以及

$$J_1(x) \approx \frac{x}{2}, \qquad J_0(x) = 1 , \qquad (x \to 0)$$

容易证明：

$$\lim_{a \to 0} B_{11} \to 0 \qquad (5-39)$$

可见 $a \to 0$ 时，二次场确实归于消失。

(3)$\mu_1 = \mu_2$，但 $k_1 \neq k_2$，即柱体内外的磁导率相当，而电导率不等，应当存在电磁感应引起的二次场。在式(5－29)、式(5－30)中取 $\mu_1 = \mu_2$，可以直观地看出这一点。可推出当 $\mu_1 = \mu_2$ 时，有

$$B_{11} = \frac{[k_2 \cdot a \cdot J_0(k_2 a) - 2J_1(k_2 a)] \cdot H_{P0} \mathrm{e}^{-\mathrm{i}\omega t}}{k_1 \cdot Y_0(k_1 a) \cdot J_1(k_2 a) - k_2 \cdot Y_1(k_1 a) \cdot J_0(k_2 a)} \qquad (5-40)$$

(4)当谐变磁场的频率 $\omega \to 0$ 时，根据式(5－9)可知 k_1、$k_2 \to 0$。若 $\mu_1 \neq \mu_2$，则二次场应当转变为静磁场中导磁柱体异常场的已知公式。

在式(5－31a)、式(5－31b)中令 k_1、$k_2 \to 0$，再次利用小宗量贝塞尔函数的表达式以及式(5－35)，很容易得到

$$H_{r总} = H_P \cdot \cos\varphi + \frac{a^2 \cdot (\mu_2 - \mu_1) \cdot H_P}{(\mu_2 + \mu_1)} \cdot \frac{\cos\varphi}{r^2} \qquad (5-41)$$

$$H_{\varphi总} = -H_P \cdot \sin\varphi + \frac{a^2 \cdot (\mu_2 - \mu_1) \cdot H_P}{(\mu_1 + \mu_2)} \cdot \frac{\sin\varphi}{r^2} \qquad (5-42)$$

对比 S. H. Ward 的推导结果$^{[115]}$，式(5－41)、式(5－42)中的第二项，便是已知的静磁场中导磁柱体的异常公式。

根据以上讨论，可以得知，对于均匀谐变磁场激励下导电介质中导电导磁圆柱体内外的电磁场这一具体问题，在此选用第一类贝塞尔函数 $J_1(kr)$ 作为圆柱体内的解，第二类贝塞尔函数 $Y_1(kr)$ 作为圆柱体外的解，解的结果是正确的。与前

人推导的公式结果相比，在此推导的公式结果适合于 $k_1 \neq 0$ 的情形，它更接近勘探工作的实际情况，其适用性更广泛。

5.1.2　正演计算与分析

根据上述推导可知，式(5-32)、式(5-38)中的 E_y 实际上就是感应二次电场的水平分量。就模型图 5-1 而言，如果采用第 1 章中介绍的垂直观测法，沿地表主剖面进行观测，即可得到水平电场 E_y 沿主剖面的变化曲线。

假定图 5-1 中的围岩为无磁性的灰岩，其电阻率 $\rho_1 = 4000\ \Omega \cdot m$；导电水平圆柱体为充水岩溶洞，圆柱体中心的埋藏深度 h_0 为 10 m，电阻率 $\rho = 80\ \Omega \cdot m$，圆柱体截面半径 $r_0 = 0.5$ m；令 $B_1 = 1 \times e^{i\omega t}\ T$。可见，该模型的 $\rho_2/\rho_1 = 50$，即相对于圆柱体而言，围岩的导电性很差，可将其看作不导电介质，从而忽略地表分界面的影响，则利用式(5-38)可计算出地表主剖面上感应二次电场的水平分量 E_y 大小。

图 5-2 为上述假定模型参数情况下，在地表产生的感应二次电场水平分量 E_y 的曲线。曲线总体特征与实测异常曲线基本相似，在异常体的正上方电场强度具有极小值，且曲线变化梯度很大，两侧具有对称的局部极大值，随着距离的增大，异常曲线逐渐变得平缓，电场值逐渐减小，远处渐趋于零。

其中图 5-2(a)为水平圆柱体中心埋深为 10 m 时，二次感应电场 E_y 随频率的变化曲线，随着频率的改变，异常曲线形态总体不变，但随着频率的变小，异常幅度明显变小。这是因为电场强度是深部介质的反映，由于频率的降低，电磁波穿透深度越大，信号也相应越弱。

图 5-2(b)为频率不变($f = 170$ Hz)时，感应二次场 E_y 异常随柱体埋深的变化曲线，随着柱体埋藏深度的增大，异常幅度逐渐减小。

从图 5-2 的模拟计算结果来看，图中的水平电场强度曲线与天然电场选频法的野外勘探成果(参见图 1-3、图 1-4)具有很大的相似性，这似乎可以解释天然电场选频法在地下低阻体上的异常成因[89]。其实，模型图 5-1 中，假定了磁场方向垂直地表向下，这与第 2 章中分析的天然交变电磁场的传播方向不符，因为传播方向垂直于地表时，电磁场分量是平行于地面的；另外，天然交变电磁场的成因和信号成分十分复杂，实测异常信号中肯定还夹杂有其他原因引起的电场成分，这值得进一步深入探讨天然电场选频法的场源问题或一次场的成分问题。

5.2　天然电场选频法场源问题探讨

天然电场选频法是一种被动源的电法勘探方法，其电场产生的原因很复杂，其场源问题一直还在争论。在卡尼亚、吉洪诺夫经典电磁理论中，假设场源位于

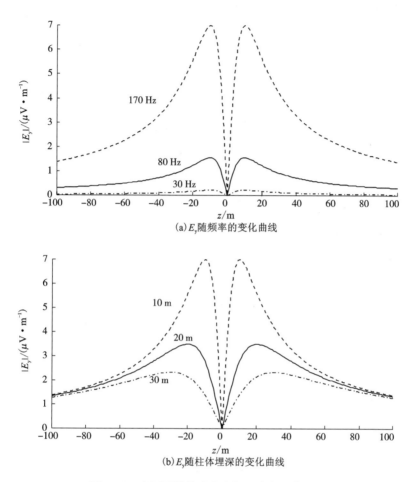

(a)E_y随频率的变化曲线

(b)E_y随柱体埋深的变化曲线

图 5 - 2　水平圆柱体感应电场异常剖面曲线图

高空,形成入射到地面的、均匀的平面波。所以,大多数人认为天然电场选频法的场源与大地电磁测深法相同,场源主要来源于太阳、闪电、雷雨所产生的电磁场,其方向垂直于地球表面。天然的交变场源成分是比较复杂的,我们可将其分为人文活动所产生的场源和自然因素所产生的场源两部分。针对各种可能的电磁场场源类型,下面进行分别讨论,由此判定引起天然电场选频法异常的可能原因,进而确定一次场场源成分类型。

1. 地球外部因素引起的交变电磁场

大地电磁测深法是一种比较成熟的地球物理勘探方法,其场源问题在第 2 章中已经讨论过。通常认为频率大于 1 Hz 的天然电场主要是由地球赤道地区雷电放电产生的,或者是由于太阳内部不稳定的核反应,在周围空间产生离子辐射和电场辐射，从而使地球磁场受到畸变，激发电离层产生向地面传播的电磁脉冲场。

目前天然电场选频法商用仪器的工作频率一般为 15 ~ 1500 Hz，根据图 2 - 4 可知，其工作频率基本上都是位于大地电磁测深法的范围内的。所以，天然电场选频法的场源肯定与大地电测测深法一样，场源有太阳、雷电等因素引起的交变电磁场。

由于地球外部因素产生的交变电磁场场源远离地球，或者说远离选频法的现场工作区，一般认为该因素所引起的电磁波是平面波，电磁场的传播方向是垂直地表向下的。根据电磁场传播方向与其分量的关系可知，假如在直角坐标系下，z 轴垂直地表向下，就可得出电场、磁场分量只有平行于地表的 E_x、E_y、H_x 和 H_y 分量，类似于图 2 - 1 所示。

2．人文因素引起的交变电磁场

选频法的施工、资料解释等与大地电磁测深法有很大不同，它具有自身的工作特点，因而在场源因素上肯定与大地电磁测深法有不同之处。

天然电场选频法在地下水勘探、水文地质、工程地质及地质调查等方面目前应用较多，其工作的场所一般都在城市、城镇或靠近城区的地方，因此不得不考虑人文因素引起的电磁场作用。

（1）游散的谐变电流场

在现代工业高度发展的情况下，工业电网十分密集，各大型企业都有地线接地。这些电网产生的感应电流及漏电电流由高电位向低电位流动，成为地下游散电流的主要成分。

有人认为频率大于 1 Hz 的天然电场在局部地区是由工业游散电流及谐波引起的，一般认为工业游散电流主要成分的频率为 50 Hz。对地壳中大地电流交流成分的研究，在 20 世纪 30 年代由法国学者克·施隆别尔热提出。20 世纪 40 年代苏联则将其作为含油构造勘探的一种手段，60 年代苏联曾出版《大地电流法》一书，对他们所观测到的全球性超低频电流场做了介绍[7]。

前面绪论中已经叙述过，苏联学者提出的大地电流法与天然电场选频法是有明显区别的。而天然电场选频法测得的音频大地电流强度却较大，实际工作中一般采用 10 ~ 20 m 的极距，即可测得 0.01 ~ 100 mV 较稳定的信号，在有明显高压线缆等人文干扰的地方，信号强度一般会大于100 mV，因此采用天然电场选频法可探测一些规模较小的地质体。在第 3 章图 3 - 1 的野外地下水勘探中，勘探剖面附近未见到明显的高压线等人干扰体，观测结果就超过了 100 mV。MN 为 20 m 的电极距，就能测得如此大的电位差，地球外空间的电磁场是无法激起如此强的电场信号的。所以，相对大地电磁法而言，天然电场选频法还需考虑人类活动因素所激发的电磁场，即地球表面多种因素所产生的电磁场源。

　　根据前人的观测结果可知，大地电流的主频是 50 Hz 及其高次谐波，与工业用电频率一致[7]。四川省地质局水文工程地质大队曾在彭县地区用示波器观测到游散大地电流波形，实测的波形形态除了有畸变外，测得的游散电流的基本频率与 50 Hz 标准频率一致。广西水文队在宜山测得的游散电流波形的基波为 49 Hz，其上载有 147 Hz 的谐波信号。四川水文总局方法队曾测得游散电流波形的基波为 50 Hz，其上载有 250 Hz 和 2000 Hz 的音频信号。因此，杨杰认为[7]，天然电场选频法的主要场源为工业游散电流，而雷电活动、电离层波动、地磁场短周期变化、上地幔软流圈及地壳中局部地段岩浆活动等产生的感应电流是次要场源。

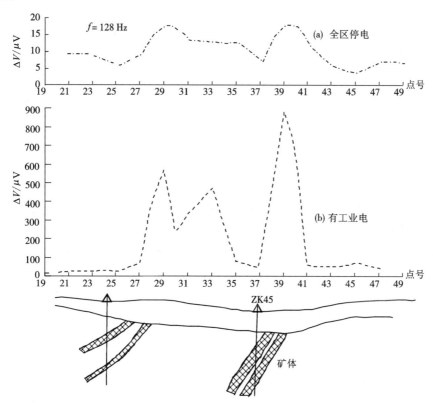

图 5 - 3　放牛沟第九线上有工业电和无工业电时的选频法实测曲线图

　　图 5 - 3 是在吉林省伊通县放牛沟第九线上的选频法实测结果，分别为全区停电和未停电时的情况[9]，观测信号的频率为 128 Hz。图 5 - 3(a) 是无工业电时的实测曲线，由观测结果可知，此时两矿带上异常强度弱，异常峰值只有 20 多微伏；当全区供电，有工业电时，两矿带上异常明显，强度大，峰值高达 800μV，如图 5 - 3(b) 所示。由此可见，自然界是存在游散电流场的，并且就天然电场选频

法而言,游散电流场的存在可能对找矿和找水十分有利。

如图5-4所示,对于工业游散电流场而言,当它刚入地时电流线呈放射状,而在远离入地点 A 的地方(即距离城市较远的地区),可认为其电流线互相平行,是似稳态的均匀电场,并具有平面波性质,因此,可假定在远离 A 点的地方电流场为水平均匀交变电场 $E_0 e^{i\omega t}$。从这点来看,游散电流场与电法勘探中的点源场、偶极子场的分布特征是有区别的。

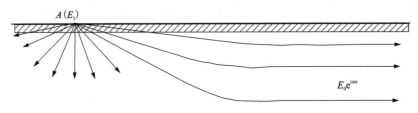

图5-4　均匀半空间介质中工业游散电流传播示意图

由此可以看出,在直角坐标系中,与工业电网一定的距离处,地下异常体会受到水平方向游散电流场 E_x、E_y 的作用。

(2)人文谐变电磁干扰信号

随着人类的进步,工业化程度的提高,人类活动在地表产生的电磁干扰信号是十分复杂的,每个地方都有其特殊性。但就天然电场选频法的实际勘探工作而言,在施工过程中会尽量避开或减少工作区及附近的人为因素影响。所以人文干扰的场源一般都远离工作区。

地球表面除了工业游散电流场以外,肯定还存在许多类似于无线电波的人工电磁干扰信号。地面上的工业用电器设备也可能会产生谐变电磁信号,这也类似与移动信号塔发射的电磁信号(例如,中国移动塔的发射频率是 890 ~ 960 Hz)、电视台发射的信号、或者是军用通讯电台发射的甚低频电磁波(一般频率为 15 ~ 25 kHz)类似,而常见的三种无线电波的频率为 3 kHz ~ 3000 GHz、9 kHz ~ 3000 GHz、10 kHz ~ 3000 GHz,这些信号从发射源 S 点处向四周传播,(见图5-5)。对于远离 S 点处的 P 点而言,电磁波沿 SP 方向向前传播,类似于平面波。

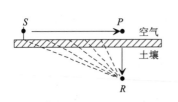

图5-5　到地中 R 点电磁场传播路径

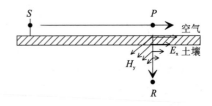

图5-6　地中电场和磁场的传播方向

　　为简便起见，假设地面水平，发射源为一个与地面垂直的发射天线，由垂直电偶极子可知，在均匀半空间地表附近存在三个相互垂直的电磁场分量，即电场垂直分量 E_z、电场水平分量 E_x 和磁场水平分量 H_y。电场水平分量的产生是由于地下能量流使接近分界面的波前对水平面产生倾斜所致[116]。

　　如图 5 - 5 所示，对于地面下的土壤中的 R 点，PR 与地面垂直，电磁波可以沿无数条路径达到 R 点。就无线电信号而言，沿 SP 路径传播的可称为地波，沿 SR 传播的为地层波。由于电磁波在土壤等导电性介质中传播时的损耗比地面上的大得多，因此路径 SPR 经过导电介质（土壤）部分（PR）最短，能量损耗最小。而沿其他路径传播的损耗都很大，达到 R 点都很微弱。由此可知，能够到达远离场源 S 的接收点 R 的波只有沿 SP 方向传播的地波，而沿 SR 路径传播的地层波可能早已经衰减完毕。对于接收点 R 而言，电磁波首先在地面上传播到 R 点上方的 P 点，然后在地中垂直向下传播。

　　根据前面对场源的假定，地下电场水平分量 E_x 和磁场水平分量 H_y 均垂直于 PR，且和地面平行，如图 5 - 6 所示。如果将地波在地表处每一点作为一个新的子波源，则其波径将垂直于地表。在远离辐射源的区域，电磁波垂直地表入射，它不受场源和地层波的影响。电磁波在地下介质中传播时，随着深度的增加，场强不断衰减，其衰减服从 2.1 节中已经讨论过的电磁波的传播规律，如式(2 - 17)所示。地中电场还存在垂直分量，但天然电场选频法只测定电场的水平分量，所以，对于垂直电场分量可不考虑。

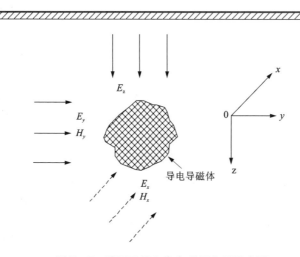

图 5 - 7　地下天然交变电磁场分量示意图

3. 地下天然交变电磁场分量

地下大地电磁场信号的成分是非常复杂的，其中肯定有目前还没有认识到的电磁场信号。但综合上述分析，并根据远场区的特点，可以将天然交流场源信号简单地分为三类：水平方向的交变电场分量和游散电流场、水平的交变磁场、垂直的交变电场。所以天然电场选频法中的场源并非完全天然的，"天然场"在此是一个广义的概念，就像甚低频法一样，只是有些电磁场信号并非为了勘探的目的而人为供入地下的。

根据上述天然电场选频法的场源分析可知，如果一个导电导磁体埋藏于地下一定深度，在如图 5-7 所示直角坐标系下，z 轴垂直地表向下，x、y 轴平行于地面，此时可以认为作用于导电导磁体中的电磁场分量有 E_x、E_y、H_x、H_y 和 E_z，而远离场源的地方可认为没有 H_z 分量的存在。

由以上分析可见，相对于大地电磁测深法（MT 法）而言，天然电场选频法中的场源除了 MT 法中的真正意义上的天然场源（即地球外部因素引起的场源）之外，选频法的场源还有地表人文活动因素所引起的电磁场，相对于地球外部因素的场源来说，它距离我们的工作区是非常近的，只是人文因素所致的场源相对于选频法的勘探深度而言，它也可认为是一个远场。地表人文因素所引起的场源分量与地球外部因素所产生的场源分量叠加在一起，增强了一次场场源的信号。所以，在山区等地形复杂地区，或者是在城镇房屋建筑较密集的地区，空中、地面及地下的工业电流和地下管网干扰，使得常规电法勘探受到严重影响，甚至无法施工，MT 法受到严重的电磁干扰，资料不可靠，但天然电场选频法有时也能取得较好的勘探效果。

例如，图 5-8 为作者于 2012 年 9 月 1 日采用天然电场选频法开展地下水勘探中 05 测线的实测成果图，地点位于湖南省冷水江市冷源居委会一组，目的是为当地居民确定饮用水井钻探孔位。勘探位置处于半山腰的居民区，周围均为民用私房，照明线路、通讯线路纵横其中，但工矿企业等均可能在 1 km 以外；现场无详细的地质资料，当地岩石露头均为灰岩，表层大部分为第四系土层覆盖，根据对周围现场的地质调查，判断深部 100 m 以下还存在炭质灰岩；当地以往没有钻探成井的水井，居民自挖水井均为 10 m 深度之内，水源来自于表层第四系中的孔隙水，水量小，水质差，受当地降雨的影响较大。

由图 5-8 可知，勘探过程中测量了 15.7 Hz、23.6 Hz、71.8 Hz、129 Hz、213 Hz、320 Hz、640 Hz、980 Hz、1450 Hz 等 9 个频率挡的地表电场水平分量变化情况，测量极距 MN 的大小为 10 m，点距一般为 2 m，局部地方加密至 1 m，测线敷设在居民房之间的空隙范围内。为使探测曲线清晰明了，在此分为两个坐标系绘制，如图 5-8(a)、图 5-8(b) 所示，图中不同线形旁边标注的频率即为工作的频率挡。

由图 5-8 的勘探成果可知，该测线上明显的地电位异常出现在测线的 9 m、22 m 附近，且 22 m 附近的异常电位比 9 m 处小，地电位异常的宽度显示要宽一

些，所以作者认为 22 m 处的异常更可靠一些；另外，根据现场陡坎断面的显示，
测线 9 m 处的浅部可能存在一破碎带。最终确定的成井位置为该测线 22.6 m 处，
最终成井深度为 86 m，85 m 以下为炭质灰岩，在 71～75 m 遇到 3 处含水裂隙，
裂隙的宽度为 5～7 cm 不等，出水量约为 350 t/d。

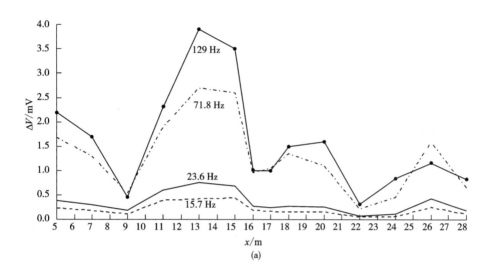

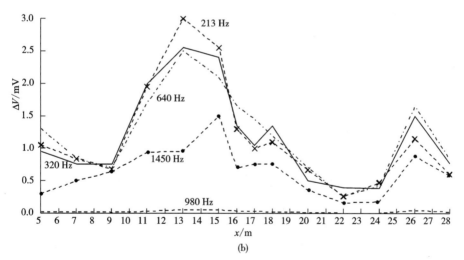

图 5－8　天然电场选频法在地下水勘探中的实测曲线图

由此可见，天然电场选频法可方便地质人员在地形复杂的山区和建筑较密布
的城镇开展水文地质工程地质工作。

第6章　三维天然电磁场激励下球体的选频法异常

本章主要从均匀半空间内导电导磁球体模型的角度进一步研究天然电场选频法异常的成因。首先从麦克斯韦方程组出发，利用边界条件求取谐变磁场作用下，均匀介质内导电导磁球体在主剖面上感应二次电场的解析计算式；根据拉普拉斯方程和边界条件，获得水平谐变场作用下，均匀半空间导电球体在地表主剖面上的异常电场水平分量计算式；最后，对理论模型的各个参数进行假定，计算图5-7所示三维谐变磁场、谐变电场（包括游散电流场）作用下，地表主剖面上良导球体的水平电场异常曲线[117]。

自然界中，任意波形的天然电磁场可以看成是许多谐变波成分的叠加，而任意形状的导电导磁体或目标体可以看成是若干球体组合。所以，求解上述问题具有十分重要的现实意义。

6.1　均匀交变磁场中的球体

首先讨论在天然交变磁场作用下，均匀介质内导电导磁球体的二次电场异常情况。球形矿体在交变电磁场中所产生的异常场理论解，是电磁感应法经典理论问题之一[90, 92, 104]。

1. 一次磁场平行于 z 轴

如图6-1所示，设在均匀交变磁场 $H_p = H_{p0} \cdot e^{i\omega t}$ 中，有半径为 a 的球体，其介电常数、电导率和磁导率分别为 ε_1、σ_1、μ_1，围岩的介电常数、电导率和磁导率分别为 ε_2、σ_2、μ_2。建立如图6-1所示的球坐标系，其极轴（z）与一次场方向一致，假定观测点的坐标为 $P(r, \theta, \varphi)$。

由第2章的理论探讨可知，在电导率 $\sigma \neq 0$ 的介质中，自由体电荷密度 q 不能堆积在某一处，则大地电磁场服从如下麦克斯韦方程组

$$
\begin{cases}
\nabla \times \boldsymbol{E} = -\dfrac{\partial B}{\partial t} = -\dfrac{\mu \partial H}{\partial t} & (6-1a) \\[2mm]
\nabla \times \boldsymbol{H} = J = J_c + \dfrac{\partial \boldsymbol{D}}{\partial t} = \sigma E + \varepsilon\,\dfrac{\partial \boldsymbol{E}}{\partial t} & (6-1b) \\[2mm]
\nabla \cdot \boldsymbol{H} = 0 & (6-1c) \\[2mm]
\nabla \cdot \boldsymbol{E} = 0 & (6-1d)
\end{cases}
$$

式中, 各参数的含义与前面第 2 章中的相同。

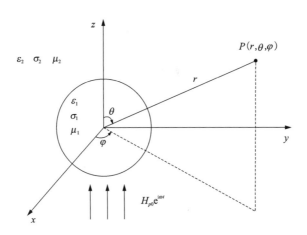

图 6-1　z 方向均匀交变磁场中的球体模型

由于电场恒与磁场垂直, 所以在球坐标系中球体内感应涡流只有 φ 分量, 因此在 P 点的交变电场只有 φ 方向的分量 E_φ。一次磁场在直角坐标系中只有 H_z 分量, 在球坐标中则只有 H_r 和 H_θ 分量; 根据电磁感应定律, 感应二次磁场是抵消一次磁场的变化, 因此二次磁场也只有 r 和 θ 方向的分量。

为求出电磁场的解, 利用有关电磁场分量在球坐标系中的三个旋度方程:

$$\left\{ \begin{aligned} & (\nabla \times \boldsymbol{E})_\theta = \frac{1}{r\sin\theta} \cdot \frac{\partial E_r}{\partial \varphi} - \frac{1}{r}\frac{\partial(rE_\varphi)}{\partial r} & (6-2\text{a}) \\ & (\nabla \times \boldsymbol{E})_r = \frac{1}{r\sin\theta}\Big[\frac{\partial(E_\varphi \sin\theta)}{\partial \theta} - \frac{\partial E_\theta}{\partial \varphi}\Big] & (6-2\text{b}) \\ & (\nabla \times \boldsymbol{H})_\varphi = \frac{1}{r}\Big[\frac{\partial(rH_\theta)}{\partial r} - \frac{\partial H_r}{\partial \theta}\Big] & (6-2\text{c}) \end{aligned} \right.$$

由于 $E_r=0$、$E_\theta=0$, 式 $(6-2\text{a})$ 和式 $(6-2\text{b})$ 两式可简化为:

$$\left\{ \begin{aligned} & (\nabla \times \boldsymbol{E})_\theta = -\frac{1}{r}\frac{\partial(rE_\varphi)}{\partial r} & (6-3\text{a}) \\ & (\nabla \times \boldsymbol{E})_r = \frac{1}{r\sin\theta} \cdot \frac{\partial(E_\varphi \sin\theta)}{\partial \theta} & (6-3\text{b}) \end{aligned} \right.$$

将式 $(6-3\text{a})$、式 $(6-3\text{b})$ 代入麦克斯韦方程组式 $(6-1\text{a})$, 式 $(6-2\text{c})$ 代入麦克斯韦方程组式 $(6-1\text{b})$, 可得

$$\begin{cases} \dfrac{1}{r}\dfrac{\partial(rE_\varphi)}{\partial r} = \mathrm{i}\omega\mu H_\theta & (6-4\mathrm{a}) \\[3mm] \dfrac{1}{r\sin\theta}\cdot\dfrac{\partial(E_\varphi\sin\theta)}{\partial\theta} = -\mathrm{i}\omega\mu H_r & (6-4\mathrm{b}) \\[3mm] \dfrac{\partial(rH_\theta)}{\partial r} - \dfrac{\partial H_r}{\partial\theta} = (\sigma+\mathrm{i}\omega\varepsilon)\cdot r\cdot E_\varphi & (6-4\mathrm{c}) \end{cases}$$

将式(6-4a)、式(6-4b)代入式(6-4c)，可得

$$\frac{\partial^2(rE_\varphi)}{\partial r^2} + \frac{1}{r^2}\cdot\frac{\partial}{\partial\theta}\Big[\frac{1}{\sin\theta}\cdot\frac{\partial(rE_\varphi\sin\theta)}{\partial\theta}\Big] + (\omega^2\varepsilon\mu - \mathrm{i}\omega\mu\sigma)\cdot rE_\varphi = 0$$

即

$$\frac{\partial^2(rE_\varphi)}{\partial r^2} + \frac{1}{r^2}\cdot\frac{\partial}{\partial\theta}\Big[\frac{1}{\sin\theta}\cdot\frac{\partial(rE_\varphi\sin\theta)}{\partial\theta}\Big] + k^2\cdot rE_\varphi = 0 \qquad (6-5)$$

式中，$k^2 = \omega^2\varepsilon\mu - \mathrm{i}\omega\mu\sigma$，$k$ 即为介质的波数。

用分离变量法求解式(6-5)，令

$$rE_\varphi = R(r)\cdot U(\theta)$$

将上式代入式(6-5)，得

$$\frac{r^2}{R}\cdot\frac{\mathrm{d}^2R}{\mathrm{d}r^2} + \frac{1}{U}\cdot\Big(\frac{\mathrm{d}^2U}{\mathrm{d}\theta^2} + \cot\theta\cdot\frac{\mathrm{d}U}{\mathrm{d}\theta} - \frac{U}{\sin^2\theta}\Big) + k^2r^2 = 0 \qquad (6-6)$$

上式第 1 项、第 3 项只为 r 的函数，第 2 项仅为 θ 的函数，故可写出：

$$\frac{r^2}{R}\cdot\frac{\mathrm{d}^2R}{\mathrm{d}r^2} + k^2r^2 = M \qquad (6-7)$$

$$\frac{1}{U}\cdot\Big(\frac{\mathrm{d}^2U}{\mathrm{d}\theta^2} + \cot\theta\cdot\frac{\mathrm{d}U}{\mathrm{d}\theta} - \frac{U}{\sin^2\theta}\Big) = -M \qquad (6-8)$$

式中，M 为任意常数。

为了求解式(6-7)，再令 $R(r) = \sqrt{r}\cdot V(r)$，代入式(6-7)，取 $M = n(n+1)$，而且为满足所求解的有限性和周期性要求，这里的 n 应为正整数。经变换后得

$$\frac{\mathrm{d}^2V}{\mathrm{d}r^2} + \frac{1}{r}\cdot\frac{\mathrm{d}V}{\mathrm{d}r} + \Big[k^2 - \frac{1}{r^2}\Big(n+\frac{1}{2}\Big)^2\Big]\cdot V = 0 \qquad (6-9)$$

显然，上式是贝塞尔方程。其解为

$$V_n(r) = A_n\cdot J_{n+1/2}(kr) + B_n\cdot J_{-n-1/2}(kr)$$

式中，A_n 和 B_n 为积分常数，$J_{n+1/2}(kr)$ 及 $J_{-n-1/2}(kr)$ 为非整阶的复宗量贝塞尔函数。于是得

$$R(r) = \sqrt{r}\cdot[A_n\cdot J_{n+1/2}(kr) + B_n\cdot J_{-n-1/2}(kr)] \qquad (6-10)$$

为了求解方程式(6-8)，将 $M = n(n+1)$ 代入该式，整理后可得

$$\frac{\mathrm{d}^2U}{\mathrm{d}\theta^2} + \cot\theta\cdot\frac{\mathrm{d}U}{\mathrm{d}\theta} + \Big[n(n+1) - \frac{1}{\sin^2\theta}\Big]\cdot U = 0 \qquad (6-11)$$

容易看出，上式为伴随勒让德微分方程式。在 θ 的变化域为 $0 \leq \theta \leq \pi$ 时，其解为

$$U(\theta) = P_n^1(\cos\theta), \quad n = 1, 2, 3, \cdots$$

将所得 $R(r)$ 和 $U(\theta)$ 代入 E_φ 式中，便得电场的解为

$$E_\varphi = \left[A_n \cdot \frac{J_{n+1/2}(kr)}{\sqrt{r}} + B_n \cdot \frac{J_{-n-1/2}(kr)}{\sqrt{r}} \right] \cdot P_n^1(\cos\theta)$$

考虑到 k 为介质常数和 n 为任意正整数的特点，可将交变电场分量解的一般表示式写为

$$E_\varphi = \sum_n \left[C_n \cdot \frac{J_{n+1/2}(kr)}{\sqrt{kr}} + D_n \cdot \frac{J_{-n-1/2}(kr)}{\sqrt{kr}} \right] \cdot P_n^1(\cos\theta) \quad (6-12)$$

式中，C_n 与 D_n 为待定系数，$P_n^1(\cos\theta)$ 为 1 阶 n 次勒让德函数，n 为任意正整数。

将 E_φ 的解代入式 $(6-4b)$，可求出交变磁场分量 H_r 的通解为

$$H_r = -\frac{k}{i\omega\mu} \cdot \frac{1}{kr} \cdot \sum_n \left[C_n \cdot \frac{J_{n+1/2}(kr)}{\sqrt{kr}} + D_n \cdot \frac{J_{-n-1/2}(kr)}{\sqrt{kr}} \right] \cdot \frac{1}{\sin\theta} \cdot \frac{\partial}{\partial\theta} [\sin\theta \cdot P_n^1(\cos\theta)]$$

利用下述关系式：

$$\frac{1}{\sin\theta} \cdot \frac{\partial}{\partial\theta} [\sin\theta \cdot P_n^1(\cos\theta)] = 2\frac{\cos\theta}{\sin\theta} \cdot P_n^1(\cos\theta) - P_n^2(\cos\theta) = n(n+1)P_n(\cos\theta)$$

$$(6-13)$$

式中，$n = 1, 2, 3, \cdots$

最后可得出 H_r 的通解为

$$H_r = -\frac{k}{i\omega\mu} \cdot \frac{1}{kr} \cdot \sum_n n(n+1) \left[C_n \cdot \frac{J_{n+1/2}(kr)}{\sqrt{kr}} + D_n \cdot \frac{J_{-n-1/2}(kr)}{\sqrt{kr}} \right] \cdot P_n(\cos\theta) \quad (6-14)$$

为了求 H_θ 的表达式，要用到贝塞尔函数的微分公式：

$$J_n'(x) = J_{n-1}(x) - \frac{n}{x}J_n(x) \quad \text{及} \quad J_n'(x) = \frac{n}{x}J_n(x) - J_{n+1}(x)$$

将式 $(6-12)$ 代入式 $(6-4a)$，利用以上关系，经过相当的变换后，可求得交变磁场分量 H_θ 的通解为

$$H_\theta = \frac{k}{i\omega\mu} \cdot \frac{1}{kr} \sum_n \left\{ C_n \left[(n+1)\frac{J_{n+1/2}(kr)}{\sqrt{kr}} - \sqrt{kr} \cdot J_{n+3/2}(kr) \right] \right.$$
$$\left. + D_n \left[(n+1)\frac{J_{-n-1/2}(kr)}{\sqrt{kr}} + \sqrt{kr} \cdot J_{-n-3/2}(kr) \right] \right\} P_n^1(\cos\theta) \quad (6-15)$$

式中，C_n 与 D_n 为相应的待定系数。

根据电磁场分布的边界条件，当 $r = a$ 时，在球体表面上磁场强度 $\boldsymbol{H}$ 的切向分量和磁感应强度 $\boldsymbol{B}$ 法向分量应当是连续的。令球外二次场为 H_s，球内的总场为 $\boldsymbol{H}'$，则 $r = a$ 时磁场的边界条件式为

$$\begin{cases} H_{p\theta} + H_{s\theta} = H'_{\theta} & (6-16a) \\ \mu_2 H_{pr} + \mu_2 H_{sr} = \mu_1 H'_r & (6-16b) \end{cases}$$

式中

$$\begin{cases} H_{p\theta} = -H_p \cdot \sin\theta = -H_p \cdot P_1^1(\cos\theta) & (6-17a) \\ H_{pr} = H_p \cdot \cos\theta = H_p \cdot P_1(\cos\theta) & (6-17b) \end{cases}$$

由上式不难看出，为了满足球面上交变磁场的边界条件，式（6-16）与式（6-14）、式（6-15）及式（6-17）中的勒让德函数应具有相同的阶次，即必须取 $n=1$。

此外，当 $r\to 0$ 时，球内的电磁场应为有限值。但贝塞尔函数 $J_{-3/2}(kr)$ 及 $J_{-5/2}(kr)$ 不满足这种要求。它们在这里变为无限大，故应取球内（波数为 k_1）的交变磁场为

$$\begin{cases} H'_r = -C_1 \dfrac{k_1}{i\omega\mu_1} \cdot \dfrac{2}{k_1 r} \cdot \dfrac{J_{3/2}(k_1 r)}{\sqrt{k_1 r}} \cdot \cos\theta & (6-18a) \\ H'_{\theta} = C_1 \cdot \dfrac{k_1}{i\omega\mu_1} \cdot \dfrac{1}{k_1 r} \cdot \left[2\dfrac{J_{3/2}(k_1 r)}{\sqrt{k_1 r}} - \sqrt{k_1 r} \cdot J_{5/2}(k_1 r) \right] \cdot \sin\theta & (6-18b) \end{cases}$$

当变量 $x \ne 0$ 时，贝塞尔函数有如下递推公式

$$J_{n+1}(x) = \frac{2}{x} n J_n(x) - J_{n-1}(x)$$

利用上述递推公式可将式（6-18）改写为

$$\begin{cases} H'_r = -C_1 \dfrac{k_1}{i\omega\mu_1} \cdot \dfrac{2 \cdot \cos\theta}{(k_1 r)^{3/2}} \cdot \left[\dfrac{1}{k_1 r} J_{1/2}(k_1 r - J_{-1/2}(k_1 r) \right] & (6-19a) \\ H'_{\theta} = C_1 \cdot \dfrac{k_1}{i\omega\mu_1} \cdot \dfrac{1}{(k_1 r)^{3/2}} \cdot \left[\left(k_1 r - \dfrac{1}{k_1 r} \right) \cdot J_{1/2}(k_1 r) + J_{-1/2}(k_1 r) \right] \cdot \sin\theta & (6-19b) \end{cases}$$

对于球外二次场而言，当 $r > a$ 时，H_s 应为有限值；当 $r \to \infty$ 时，H_s 应为零。并且满足边界条件，其中的 n 也应当取1。当球外介质为空气或为传导电流和位移电流均十分小的高阻岩石时（即波数 $|k_2|$ 很小），则在离球心不很远的地方，可近似认为

$$|k_2 r| \to 0, \qquad |k_2 r| \ll 1$$

这时半奇整数阶的贝塞尔函数有如下近似值：

$|k_2 r| \ll 1$

$$|k_2 r| \to 0, \ J_{3/2}(k_2 r) = \sqrt{\frac{2}{\pi k_2 r}} \left(\frac{\sin k_2 r}{k_2 r} - \cos k_2 r \right) \to 0$$

$$J_{-3/2}(k_2 r) = \sqrt{\frac{2}{\pi k_2 r}} \left(-\sin k_2 r - \frac{\cos k_2 r}{k_2 r} \right) \to \sqrt{\frac{2}{\pi}} \cdot \frac{-1}{(k_2 r)^{3/2}}$$

$$J_{5/2}(k_2 r) = \sqrt{\frac{2}{\pi k_2 r}} \left[\left(\frac{3}{(k_2 r)^2} - 1 \right) \sin k_2 r - \frac{3}{k_2 r} \cos k_2 r \right] \to 0$$

$$J_{-5/2}(k_2 r) = \sqrt{\frac{2}{\pi k_2 r}} \left[\frac{3}{k_2 r} \sin k_2 r + \left(\frac{3}{k_2^2 r^2} - 1 \right) \cos k_2 r \right] \to \sqrt{\frac{2}{\pi k_2 r}} \left(2 + \frac{3}{k_2^2 r^2} \right)$$

利用上述近似值, 当 $|k_2 r| \ll 1$ 时, 推导中利用关系式 $|k_2 r| \to 0$, 对于 $n = 1$ 展开式(6 – 14)、式(6 – 15)可得

$$\begin{cases} H_{sr} = \dfrac{2\cos\theta}{\mathrm{i}\omega\mu_2 k_2^2} \cdot \sqrt{\dfrac{2}{\pi}} \cdot \dfrac{D_1}{r^3} \\[4mm] H_{s\theta} = \dfrac{\sin\theta}{\mathrm{i}\omega\mu_2 k_2^2} \cdot \sqrt{\dfrac{2}{\pi}} \cdot \dfrac{D_1}{r^3} \end{cases}$$

在上两式中, D_1 为常系数, 令与观察点坐标无关的部分 $\dfrac{D_1}{\mathrm{i}\omega\mu_2 k_2^2} \cdot \sqrt{\dfrac{2}{\pi}} = DH_p$, 则上两式可写为

$$\begin{cases} H_{sr} = \dfrac{2DH_P}{r^3} \cdot \cos\theta & (6 - 20\mathrm{a}) \\[4mm] H_{s\theta} = \dfrac{DH_P}{r^3} \cdot \sin\theta & (6 - 20\mathrm{b}) \end{cases}$$

可见, 在围岩参数较小的条件下(即 $|k_2 r| \ll 1$), 球外二次磁场接近于一个矩为 DH_p 的磁偶极子。磁偶极轴是沿一次场的方向的。

根据式(6 – 20)可进一步写出球外的总磁场

$$\begin{cases} H_r = H_{pr} + H_{sr} = H_p \cdot \left(1 + \dfrac{2D}{r^3} \right) \cdot \cos\theta & (6 - 21\mathrm{a}) \\[4mm] H_\theta = H_{p\theta} + H_{s\theta} = -H_p \cdot \left(1 - \dfrac{D}{r^3} \right) \cdot \sin\theta & (6 - 21\mathrm{b}) \end{cases}$$

由式(6 – 12), 球外的二次电场为

$$E_\varphi = [C_1 \cdot J_{3/2}(k_2 r) + D_1 \cdot J_{-3/2}(k_2 r)] \cdot \frac{\sin\theta}{\sqrt{k_2 r}} \qquad (6 - 22)$$

上面关于场的各个表达式中, 积分常数 C_1、$D_1(D)$ 仍是待定的, 为确定它们, 需运用边界条件式(6 – 16)。在球面上 $(r = a)$, 磁感应强度的法向分量连续

$$\mu_2 H_{pr} + \mu_2 H_{sr} = \mu_1 H_r',$$

由此有

$$\mu_2 \cdot H_p \cdot \left(1 + \frac{2D}{a^3} \right) = -C_1 \frac{k_1}{\mathrm{i}\omega} \cdot \frac{2}{(k_1 a)^{3/2}} \cdot \left[\frac{1}{k_1 a} J_{1/2}(k_1 a) - J_{-1/2}(k_1 a) \right]$$

在球面上 $(r = a)$, 磁场强度的切向分量连续: $H_{p\theta} + H_{s\theta} = H_\theta'$, 由此有

$$-H_p \cdot \left(1 - \frac{D}{a^3}\right) = C_1 \cdot \frac{k_1}{i\omega\mu_1} \cdot \frac{1}{(k_1 a)^{3/2}} \cdot \left[\left(k_1 a - \frac{1}{k_1 a}\right) \cdot J_{1/2}(k_1 a) + J_{-1/2}(k_1 a)\right]$$

将上两式左、右两边分别相除，消去 C_1、H_p，可解得常数 D 为

$$D = -\frac{a^3}{2} \cdot \frac{(2\mu_1 + \mu_2) \cdot p_1 \cdot J_{-1/2}(p_1) - [\mu_2 \cdot (1 - p_1^2) + 2\mu_1] \cdot J_{1/2}(p_1)}{(\mu_2 - \mu_1) \cdot p_1 \cdot J_{-1/2}(p_1) - [\mu_2 \cdot (1 - p_1^2) - \mu_1] \cdot J_{1/2}(p_1)} \quad (6-23)$$

式中，$p_1 = k_1 a$。

将半阶贝塞尔函数用如下三角函数表示

$$J_{1/2}(x) = \sqrt{\frac{2}{\pi x}}\sin x, \qquad J_{-1/2}(x) = \sqrt{\frac{2}{\pi x}}\cos x$$

则式（6-23）可写为

$$D = -\frac{a^3}{2} \cdot \frac{(2\mu_1 + \mu_2) \cdot p_1 \cdot \cos p_1 - [\mu_2 \cdot (1 - p_1^2) + 2\mu_1] \cdot \sin p_1}{(\mu_2 - \mu_1) \cdot p_1 \cdot \cos p_1 - [\mu_2 \cdot (1 - p_1^2) - \mu_1] \cdot \sin p_1} \quad (6-24)$$

当忽略位移电流时，$k_1^2 = -i\omega\mu_1\sigma_1$。

然后进一步可求 C_1 的表达式：

$$C_1 = -\frac{i\omega \cdot 3\sqrt{\pi} \cdot \mu_1 \cdot \mu_2 \cdot H_p \cdot k_1^2 \cdot a^3}{2\sqrt{2} \cdot \{(\mu_2 - \mu_1) \cdot p_1 \cdot \cos p_1 - [\mu_2 \cdot (1 - p_1^2) - \mu_1] \cdot \sin p_1\}} \quad (6-25)$$

实际的大地介质往往是 $\mu_1 \approx \mu_2 \approx \mu_0$，$\sigma_1 \neq \sigma_2$，$\mu_0$ 为自由空间导磁率，这时式（6-24）、式（6-25）可简化为

$$D = -\frac{a^3}{2} \cdot \left[3\left(\frac{\cot p_1}{p_1} - \frac{1}{p_1^2}\right) + 1\right]$$

$$C_1 = -\frac{i\omega \cdot 3\sqrt{\pi} \cdot \mu_0 \cdot H_p \cdot a}{2\sqrt{2} \cdot \sin p_1}$$

将球外的二次电场（6-22）式转换到直角坐标系中，得：

$$E_x = -E_\varphi \cdot \sin\varphi = -[C_1 \cdot J_{3/2}(k_2 r) + D_1 \cdot J_{-3/2}(k_2 r)] \cdot \frac{\sin\theta}{\sqrt{k_2 r}} \cdot \frac{y}{\sqrt{x^2 + y^2}}$$

$$= -[C_1 \cdot J_{3/2}(k_2 r) + D_1 \cdot J_{-3/2}(k_2 r)] \cdot \frac{1}{\sqrt{k_2 r}} \cdot \frac{y}{\sqrt{x^2 + y^2 + z^2}} \quad (6-26a)$$

$$E_y = E_\varphi \cdot \cos\varphi = [C_1 \cdot J_{3/2}(k_2 r) + D_1 \cdot J_{-3/2}(k_2 r)] \cdot \frac{\sin\theta}{\sqrt{k_2 r}} \cdot \frac{x}{\sqrt{x^2 + y^2}}$$

$$= [C_1 \cdot J_{3/2}(k_2 r) + D_1 \cdot J_{-3/2}(k_2 r)] \cdot \frac{1}{\sqrt{k_2 r}} \cdot \frac{x}{\sqrt{x^2 + y^2 + z^2}} \quad (6-26b)$$

将二次磁场公式（6-21）转换到直角坐标系中，得：

$$\begin{cases} H_{sx} = H_{sr} \cdot \sin\theta \cdot \cos\varphi + H_{s\theta} \cdot \cos\theta \cdot \cos\varphi = 3DH_p \dfrac{xz}{(x^2 + y^2 + z^2)^{5/2}} & (6-27\text{a}) \\[3mm] H_{sz} = H_{sr}\cos\theta - H_{s\theta}\sin\theta = DH_p \cdot \dfrac{2z^2 - x^2 - y^2}{(x^2 + y^2 + z^2)^{5/2}} & (6-27\text{b}) \\[3mm] H_{sy} = H_{sr} \cdot \sin\theta \cdot \sin\varphi + H_{s\theta} \cdot \cos\theta \cdot \sin\varphi = 3DH_P \dfrac{yz}{(x^2 + y^2 + z^2)^{5/2}} & (6-27\text{c}) \end{cases}$$

2. 一次磁场平行于 y 轴

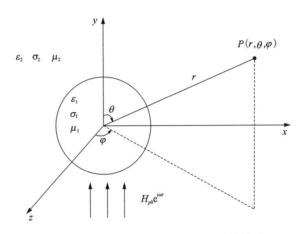

图 6 – 2　y 方向均匀交变磁场中的球体模型

同理，将前面的图 6 – 1 变为图 6 – 2 所示的模型，即一次磁场方向沿 y 轴。根据坐标轴的对称性，将坐标系进行旋转，即可得球外电场分量的计算式

$$\begin{cases} E_z = -[\, C_1 \cdot J_{3/2}(k_2 r) + D_1 \cdot J_{-3/2}(k_2 r)\,] \cdot \dfrac{1}{\sqrt{k_2 r}} \cdot \dfrac{x}{\sqrt{x^2 + y^2 + z^2}} & (6-28\text{a}) \\[3mm] E_x = [\, C_1 \cdot J_{3/2}(k_2 r) + D_1 \cdot J_{-3/2}(k_2 r)\,] \cdot \dfrac{1}{\sqrt{k_2 r}} \cdot \dfrac{z}{\sqrt{x^2 + y^2 + z^2}} & (6-28\text{b}) \end{cases}$$

3. 一次磁场平行于 x 轴

同样，当一次磁场方向沿 x 轴时，如图 6 – 3 所示，同理可得

$$\begin{cases} E_y = -[\, C_1 \cdot J_{3/2}(k_2 r) + D_1 \cdot J_{-3/2}(k_2 r)\,] \cdot \dfrac{1}{\sqrt{k_2 r}} \cdot \dfrac{z}{\sqrt{x^2 + y^2 + z^2}} & (6-29\text{a}) \\[3mm] E_z = [\, C_1 \cdot J_{3/2}(k_2 r) + D_1 \cdot J_{-3/2}(k_2 r)\,] \cdot \dfrac{1}{\sqrt{k_2 r}} \cdot \dfrac{y}{\sqrt{x^2 + y^2 + z^2}} & (6-29\text{b}) \end{cases}$$

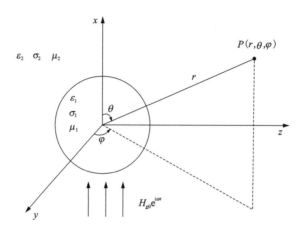

图 6-3 x 方向均匀交变磁场中的球体模型

6.2   地下天然交变磁场中的球体

上面只是分别讨论了导电导磁球体在一个方向磁场作用下的情况,实际工作中,水平方向的磁场在各个方向均存在,在直角坐标系中可将其投影到水平轴 x、y 上,即存在 H_x、H_y 分量。但实际工作中 H_x、H_y 分量的关系又如何,这是值得考虑的。

6.2.1   野外磁场分量大小的测定

为了解野外天然水平磁场分量的相对大小,作者采用自制的磁探头在野外地表观测了 1024 Hz 交变磁场信号各方向的相对大小。地点位于湖南科技大学南北校区之间的空旷场地内,观测时间为 2013 年 10 月 23 日下午。观测是用自制磁探头连接自制的 MFE-1 天然电场选频仪进行的,观测结果为无单位量,相当于磁场观测值归一化后的结果,在此只表示天然磁场的相对值(见表 6-1)。

表 6-1 中,各观测地点的具体位置 A、B、C、D、E 分别位于土木楼前干枯的塘中间、塘边、预建新办公楼东侧及北面约 100 m 处、附属子弟学校东侧约 100 m 处。由表 6-1 中的观测结果可知,天然磁场信号具有一定的不稳定性,各方向的磁场大小是在某一范围内动态变化的,但各方向水平磁场分量的相对大小差别不大。由此可见,在理论研究中,可以近似假定天然水平磁场分量 H_x、H_y 相等。

表 6 - 1　野外水平磁场分量测定结果表

分量 地点	南北向分量	东西向分量	北东向分量	北西向分量
A	0.08 ~ 0.2	0.2 ~ 0.25	0.16 ~ 0.21	0.14 ~ 0.24
B	0.13 ~ 0.14	0.17 ~ 0.19	0.08 ~ 0.09	0.19 ~ 0.20
C	0.1 ~ 0.5	0.1 ~ 0.5	0.12 ~ 0.6	0.14 ~ 0.6
D	0.09 ~ 0.1	0.08	0.07	0.1 ~ 0.11
E	0.14 ~ 0.17	0.1 ~ 0.13	0.08 ~ 0.1	0.21 ~ 0.23

6.2.2　均匀半空间中的导电导磁球体

1. 两个水平方向的磁场作用

根据第 5 章天然交变电磁场源的分析可知，埋藏于地下一定深度的导电导磁球体，在远离场源的地方可认为垂直于地表的垂直分量 H_z 是不存在的；就磁场而言，可以认为作用于导电导磁球体上的磁场分量只有水平分量 H_x、H_y，如图 6 - 4 所示。

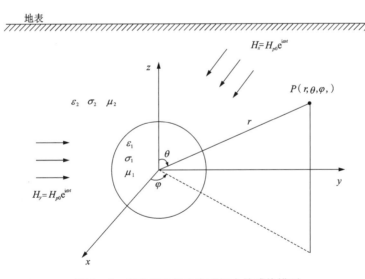

图 6 - 4　半空间天然交变磁场中的球体模型

对于均匀半空间中的球体而言，如果导电导磁球体只受到两个水平方向交变磁场的作用，埋藏深度为 h_0 时，地面上感应二次电场的计算式可按式（6 - 28）、式（6 - 29）计算。

如图 6 - 4 所示，地下水平交变磁场在直角坐标系中可将其投影至 x、y 两个方向上。如果地下导电导磁球体位于水平正交的交变磁场作用之下，且根据野外实测交变磁场的情况，假定 x、y 两个方向的交变磁场大小均为 $H_{p0} \cdot e^{i\omega t}$，则地表主剖面上 E_x 分量的计算式为式（6－28b），E_y 分量计算式为式（6－29a）。假定球体中心的埋藏深度为 h_0，即 $z = h_0$，主剖面上取 $x = 0$，则沿地表 y 方向的电场水平分量 E_x、E_y 的计算式分别为

$$E_x = [\, C_1 \cdot J_{3/2}(k_2 r) + D_1 \cdot J_{-3/2}(k_2 r) \,] \cdot \frac{1}{\sqrt{k_2 r}} \cdot \frac{h_0}{\sqrt{y^2 + h_0^2}} \qquad (6-30)$$

$$E_y = -[\, C_1 \cdot J_{3/2}(k_2 r) + D_1 \cdot J_{-3/2}(k_2 r) \,] \cdot \frac{1}{\sqrt{k_2 r}} \cdot \frac{h_0}{\sqrt{y^2 + h_0^2}} \qquad (6-31)$$

式中，$r = \sqrt{h_0^2 + y^2}$。

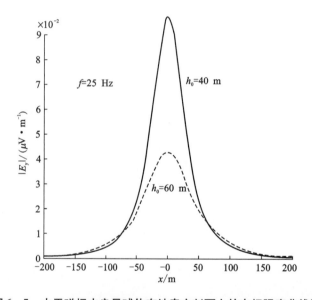

图 6－5　水平磁场中良导球体在地表主剖面上的电场强度曲线图

假设忽略球体和围岩的磁性，即 $\mu_1 = \mu_2 = \mu_0$，球体的球心埋深 h_0 为 40 m，球体半径 r_0 为 1.5 m，一次场 $B_0 = 1 \times e^{i\omega t}$ T，工作频率 $f = 25$ Hz，球体的电阻率 ρ_1 为 100 $\Omega \cdot$ m，围岩的电阻率 ρ_2 为 2500 $\Omega \cdot$ m，即高阻围岩中存在一个良导球体。图 6－4 中先只考虑一次场 H_x 分量的作用，则在地表主剖面沿 y 轴方向的感应电场 $|E_y|$ 的变化曲线如图 6－5 所示。由于式（6－30）、式（6－31）只有一个负号的差异，其 $|E_y|$ 曲线变化肯定相同。

反之，假定球体的电阻率 ρ_1 为 2500 $\Omega \cdot$ m，围岩的电阻率 ρ_2 为 100 $\Omega \cdot$ m，

即低阻围岩中存在一高阻导电球体,其他参数均不变,则此时在地表主剖面沿 y 轴方向的感应电场 $|E_y|$ 的变化曲线如图 6 - 6 所示。

由图 6 - 5、图 6 - 6 的曲线可知,当一个方向的水平均匀磁场作用于地下导电球体时,不管该球体是低阻体还是高阻体,此时在地表主剖面上产生的感应电场强度曲线形态相似,在球体正上方均出现相对高阻异常,两侧随着距离的增大异常逐渐减弱,最终趋近于零。球体埋藏深度越小,异常的幅度越大。

显然,图 6 - 5 所示的低阻球体上的感应电场强度曲线与我们实际工作中所测得的低阻含水体上的异常曲线(如图 1 - 3、图 1 - 4、图 5 - 8 所示)不相符,说明在天然电场选频法中,只考虑天然水平磁场的作用是不行的,可能必须同时考虑天然交变电场分量或游散电流场的作用。

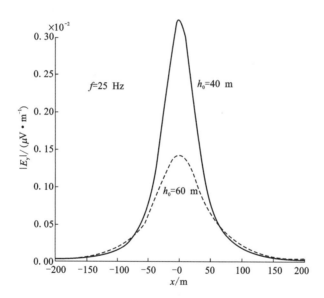

图 6 - 6　水平磁场中高阻球体在地表主剖面上的电场强度曲线图

2. 三维交变磁场作用

根据前面的分析可知,当地下导电导磁球体远离发射源处(即一次场源的地方),球体所处位置只存在两个水平正交方向的磁场作用。现在低阻导电球体的模拟结果(见图 6 - 5)与实测的不同,是不是因为球体还受到垂直方向的交变磁场作用呢?假定图 6 - 4 模型中沿 z 轴方向还存在 $B_0 = 1 \times e^{i\omega t}$T 的交变磁场,则此时主剖面 $|E_x|$ 分量是式(6 - 26a)与式(6 - 28b)矢量叠加后的结果,$|E_y|$ 是式(6 - 26b)与式(6 - 29a)叠加的结果。

假定图 6 - 7 的模型参数与图 6 - 5 中的低阻球体参数相同,即 $h_0 = 40$ m、

$r_0 = 1.5$ m、$B_0 = 1 \times e^{i\omega t}$T、$\rho_1 = 100$ Ω·m、$\rho_2 = 2500$ Ω·m，只是将工作频率 f 改为 300 Hz。此时，模型的模拟计算结果见图 6-8 所示。

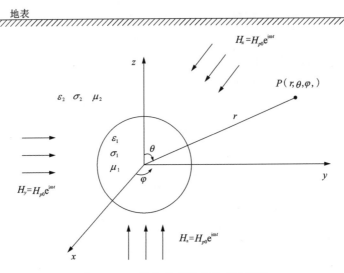

图 6-7 三维交变磁场中的球体模型

图 6-8 中，地表主剖面上电场水平分量 $|E_x|$ 为虚线，$|E_y|$ 为实线，由于计算频率的升高，异常强度明显增大。相对于图 6-5 而言，$|E_y|$ 曲线形态并没有变化，曲线关于球体在地面的投影点对称，这是因为在主剖面上，$x = 0$，则前面的

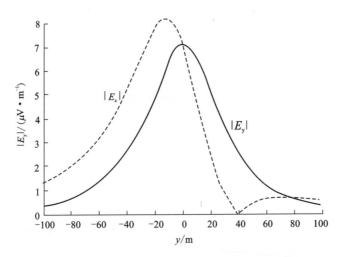

图 6-8 三维磁场中良导球体在地表主剖面上的电场强度曲线图

式(6 – 26b)的计算结果为 0，$|E_y|$ 分量的增大是式(6 – 29a)的贡献所致。另外，$|E_x|$ 曲线出现了不对称现象，这是由于垂直方向交变磁场感应出的二次电场分量 [见式(6 – 26a)] 在球体两边对称点上的矢量方向是相反的，从而使得它们在与式(6 – 28b)进行叠加后出现曲线不对称现象，局部极小值点也与球心位置不对应。实际工作中，在低阻异常体两侧实测的曲线一般是对称的，在低阻体正上方存在 ΔV 的极小值(如图 1 – 3、图 1 – 4、图 5 – 8 所示)；显然图 6 – 8 中的 $|E_x|$ 曲线与实际不符，这也在一定程度上说明垂直方向交变磁场的贡献确实是不存在的。

6.3　半空间交变电流场中的导电球体

由前面的分析可知，地下的交变电场分量既有天然形成的，如雷雨放电等，也有人文活动因素引起的，如游散电流场；在此，我们将这两方面引起的场都叫"天然场"。所以，对于天然电场选频法而言，虽然其场源还是叫"天然场"，只不过这时的"天然场"是一个广义的概念，。

地壳中天然流动的超低频大地电流的频率较低，为 0.01 ～ 0.1 Hz，强度约为 0.5 ～ 1 mV/km；而人文活动所产生的交变电流主要为音频电流，其频率一般为 20 ～ 2000 Hz，特别是 50 Hz 的工业游散电流是其主要成分之一，在常规电法所用的 20 m 极距时，其强度可达 0.5 ～ 10 mV[7]；另外，根据以往的现场实测结果，在没有明显高压线等干扰的地方，20 m 极距的天然电场信号强度有时会大于 100 mV，如前面第 3 章中图 3 – 1 中的测试结果；有高压线缆干扰的地方，20 m 极距的天然电场信号强度肯定会大于 100 mV，甚至达几百毫伏。而目前实际应用中，选频仪的工作频率一般为 15 ～ 1500 Hz，该工作频率段正好在音频信号范围内，可见，实际工作中不可忽略人文干扰的影响。

如图 6 – 9 所示，假设有一半径为 r_0、电阻率为 ρ_1（即电导率 $\sigma_1 = 1/\rho_1$）的球形地质体，位于电阻率为 ρ_2 的均匀半空间介质中，介质中有密度为 $j = j_0 \cdot e^{i\omega t}$ 的交变电流场均匀流过，交变电流场的方向在地下空间中沿 x 轴的方向或 y 轴方向。下面讨论球体上方地表主剖面上的电场分布情况。

根据图 6 – 9 所示地质地球物理模型，球外电场分布可参考均匀静电场中导电球体的解近似获得[7, 115]。

首先，求解全空间条件下，均匀稳定电场中的电位分布规律，可知

$$U_P = -\left[1 - \frac{\rho_2 - \rho_1}{\rho_2 + 2\rho_1}\left(\frac{r_0}{r}\right)^3\right] \cdot j_0 \cdot \rho_2 \cdot r \cdot \sin\theta \qquad (6 – 32)$$

其次，根据类比可知，把上式转换到谐变场中，则得到全空间均匀交变电场

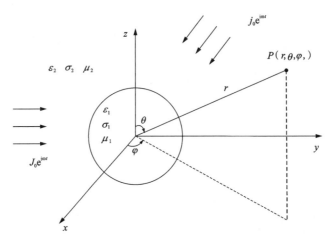

图 6 - 9　均匀半空间交变电场中的球体模型

或游散电流场中的电位分布计算式为

$$U_P = -\left[1 - \frac{\rho_2 - \rho_1}{\rho_2 + 2\rho_1}\left(\frac{r_0}{r}\right)^3\right] \cdot j_0 \cdot \rho_2 \cdot r \cdot \sin\theta \cdot \mathrm{e}^{i\omega t} \qquad (6-33)$$

　　对于半无限空间条件下，在空气与大地的分界面上，电流密度的法线分量为零。根据解的唯一性定理，利用镜像法，可求得地面上任意一点电位的一级近似解为：

$$U_P = -\left[1 - 2\frac{\rho_2 - \rho_1}{\rho_2 + 2\rho_1}\left(\frac{r_0}{r}\right)^3\right] \cdot j_0 \cdot \rho_2 \cdot r \cdot \sin\theta \cdot \mathrm{e}^{i\omega t} \qquad (6-34)$$

　　式(6-34)中包括两项，第一项为正常场。地球物理勘探中通常只考虑异常场，一般测量的是沿 y 方向的电位梯度或沿 x 方向的电位梯度。下面的计算式中就只考虑异常场的计算。

　　就图 6-9 而言，在地表沿 y 方向移动观测点的 E_y 分量，即为平行移动法；沿 y 方向移动观测点的 E_x 分量即为垂直观测法。天然电场选频法中测量的是电位的梯度，即异常场的电场强度。所以，在直角坐标系中，由式(6-34)可得到一次场 $j = j_0 \cdot \mathrm{e}^{i\omega t}$ 沿 y 方向作用时，球外沿 y 方向的异常电场强度分量 E_y 的计算式为

$$E_y = 2 \cdot \frac{\rho_2 - \rho_1}{\rho_2 + 2\rho_1} \cdot (r_0)^3 \cdot \frac{2y^2 - x^2 - z^2}{r^5} \cdot j_0 \cdot \rho_2 \cdot \mathrm{e}^{i\omega t} \qquad (6-35)$$

同理,当一次场 $j = j_0 \cdot e^{i\omega t}$ 沿 x 方向作用时,球外沿 x 方向的异常电场强度分量 E_x 的计算式为

$$E_x = 2 \cdot \frac{\rho_2 - \rho_1}{\rho_2 + 2\rho_1} \cdot (r_0)^3 \cdot \frac{2x^2 - y^2 - z^2}{r^5} \cdot j_0 \cdot \rho_2 \cdot e^{i\omega t} \qquad (6-36)$$

进一步可得,在地表主剖面上(即 $x = 0$),球体的埋藏深度为 h_0 时,地表主剖面上 y 方向的异常场电场强度 E_y 为

$$E_y = 2 \frac{\rho_2 - \rho_1}{\rho_2 + 2\rho_1} \cdot (r_0)^3 \cdot j_0 \rho_2 \cdot \frac{2y^2 - h_0^2}{(y^2 + h_0^2)^{5/2}} \cdot e^{i\omega t} \qquad (6-37)$$

地表主剖面上 x 方向的异常场电场强度 E_x 为

$$E_x = 2 \frac{\rho_2 - \rho_1}{\rho_2 + 2\rho_1} \cdot (r_0)^3 \cdot j_0 \rho_2 \cdot \frac{-1}{(y^2 + h_0^2)^{3/2}} \cdot e^{i\omega t} \qquad (6-38)$$

式(6-37)、式(6-38)与电阻率中间梯度法中球体的电场强度计算式是基本相同的,只是多了一个谐变因子 $e^{i\omega t}$。

假设如图 6-9 所示的球体的电阻率 ρ_1 为 50 $\Omega \cdot m$,围岩的电阻率 ρ_2 为 1500 $\Omega \cdot m$,球体的半径 r_0 为 1.5 m,球体的中心埋深 h_0 为 40 m 或 60 m,电流密度 $j_0 = 1 \times 10^{-6}$ A/m² (安培/米²)。模拟计算结果如图 6-10 所示,为了真实反映剖面上电场强度 E_y 的变化,图中的计算结果包含了一次电场的值。另外,在实际工作中,一般都采用平行移动法,所以下面主要讨论 E_y 的变化情况。

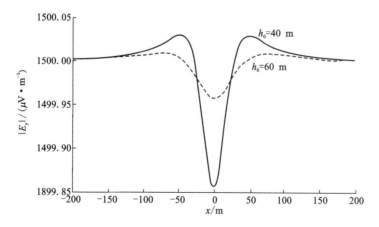

图 6-10　良导球体主剖面上的电场强度 E_y 分量曲线图

反之,若球体为高阻体,球体的电阻率 ρ_1 为 1500 $\Omega \cdot m$,围岩的电阻率 ρ_2 为 50 $\Omega \cdot m$,其他参数不变,则计算结果见图 6-11 所示。

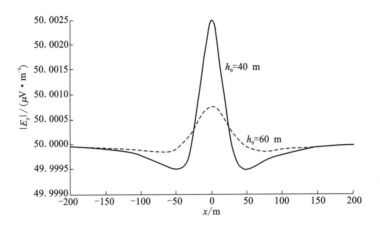

图 6 – 11   高阻球体主剖面上的电场强度 E_y 分量曲线图

由图 6 – 10、图 6 – 11 的计算结果可知，电场强度曲线形态与常规电阻率法中的中间梯度法异常曲线是相同的。在低阻体上方出现低电位异常，高阻体上方出现高电位异常；球体埋藏深度越浅，则异常幅度越大；在远离球体的地方，电场强度值逐渐趋近于背景场值。所以，利用该场源进行找矿时，其原理与直流电阻率法中的中间梯度法相类似。如果在远离场源 A 点(见图 5 – 4)的地下介质中存在低阻异常体，则利用天然电场选频仪在地表主剖面上测得的电位 $\triangle V$ 曲线肯定会出现明显的低电位异常，这与野外观测结果相符。

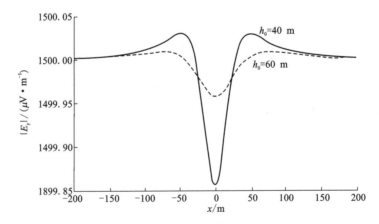

图 6 – 10   良导球体主剖面上的电场强度 E_y 分量曲线图

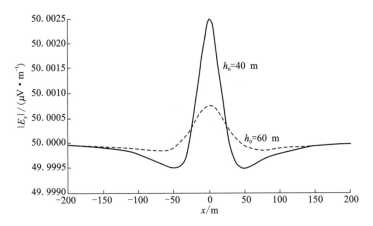

图 6-11　高阻球体主剖面上的电场强度 E_y 分量曲线图

6.4　天然电磁场作用下的模拟计算

上面讨论均匀半空间中的导电导磁球体时，是将一次磁场、电场的作用分开的。实际上，交变电场、交变磁场是同时存在的，下面研究谐变电场和谐变磁场共同作用下的情况。

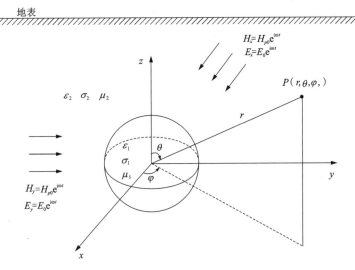

图 6-12　水平谐变电磁场中的球体模型

根据前面的分析和模拟可知，交变电磁场还未考虑实际中存在的谐变电场分量,另外地下介质中还存在游散的交变电流。假定图 6 – 12 中的导电导磁球体除了受到水平方向的谐变磁场作用外,垂直方向可能还存在游散电流场作用,但由于天然电场选频法现场观测的是电场水平分量,垂直方向的一次电场 E_z 作用于球体时,不会产生水平方向的附加电场分量,因此可忽略 E_z 的作用。

假定图 6 – 12 中球体的电阻率 $\rho_1 = 80\ \Omega \cdot m$,球心的埋深 $h_0 = 30\ m$,球体半径 $a = 1\ m$;围岩的电阻率 $\rho_2 = 3000\ \Omega \cdot m$,围岩和球体均无磁性;同时,假定 x、y 两个方向均存在 $B_0 = 1 \times e^{i\omega t}T$ 的谐变磁场,以及 $E_0 = 50 \times 10^{-3} \cdot e^{i\omega t}V/m$ 的谐变电场;谐变场的频率 f 取 300 Hz,则根据上述假设参数所作的图 6 – 13 为在水平交变磁场、水平交变电场共同作用下,在地表主剖面上所产生的二次电场、一次电场叠加后的振幅归一化曲线。在球体中心对应位置,$|E_x|$ 具有相对极小值,两侧随着离球体距离的增大逐渐趋近 $|E_0|$ [见图 6 – 13(a)];$|E_y|$ 在球心投影位置具有局部相对极小值,两侧具有对称的局部极大值,最后随着离球体距离的增大也逐渐趋近于 $|E_0|$ [见图 6 – 13(b)]。总之而言,图 6 – 13(b)所示的曲线形态与野外实测的曲线(参见图 1 – 3、图 1 – 4、图 5 – 8)吻合,也在一定程度上说明天然电场选频法的异常是由水平交变磁场、水平交变电场共同作用的结果。

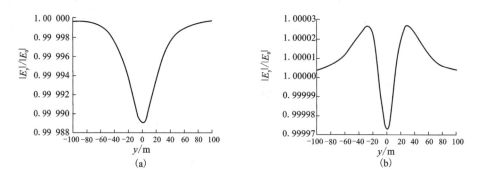

图 6 – 13   谐变磁场、游散电流场作用下总电场曲线

1. 电场强度随频率 f 的变化

对于曲线图 6 – 13 的模拟参数,若只改变频率 f,其他参数均不变,f 选取现场工作中常用的几个频率点(即 16 Hz、72 Hz、160 Hz、320 Hz),则地表主剖面电场的水平分量随频率的变化曲线如图 6 – 14 所示。

图 6 – 14(a)、图 6 – 14(b)分别为地表电场 $|E_x|$、$|E_y|$ 分量的变化曲线。两种水平分量曲线均对于球心在地表的投影位置对称,水平分量在剖面 0 m 处有极小值,随着离球体距离的增大,电场强度大小逐渐趋近于背景场 E_0。$|E_x|$ 曲线随着频率的增大,低阻异常形态越来越明显,随着 $|x|$ 的增大,曲线向两边逐渐上升,最终趋于背景场。$|E_y|$ 曲线随着频率的升高,曲线整体向上抬升,这一点与

野外实测的多数情况是相同的[见图 5 - 8(a)];但异常的幅度随频率的升高是变小的。

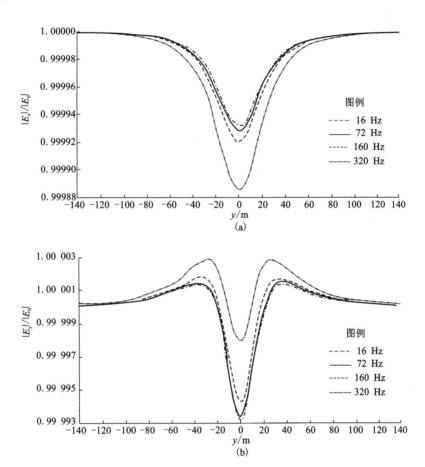

图 6 - 14　低阻球体的地表电场强度随频率的变化曲线图

将曲线图 6 - 13 的模拟参数 ρ_1、ρ_2 对换,即球体的电阻率 $\rho_1 = 3000\ \Omega \cdot m$,围岩的电阻率 $\rho_2 = 80\ \Omega \cdot m$,此时球体变为高阻体。同样假定球心的埋深 $h_0 = 30\ m$,球体半径 $a = 1\ m$;x、y 两个方向均存在 $B_0 = 1 \times e^{i\omega t} T$ 的谐变磁场、$E_0 = 50 \times 10^{-3} \cdot e^{i\omega t} V/m$ 的谐变电场,模拟计算几个不同频率的地表电场 $|E_x|$、$|E_y|$ 分量大小,计算结果见图 6 - 15 所示。

图 6 - 15 中的电场曲线是未进行归一化的结果,背景场 $|E_0| = 50\ mV/m$ 是包含其中的。由曲线图可见,高阻球体的地表水平电场曲线表现为高阻异常形态,曲线形态与图 6 - 14 中低阻球体的电场曲线有镜像关系,且 $|E_x|$、$|E_y|$ 曲线均关

于球心在地表的投影点左右对称。不过 $|E_x|$ 分量曲线[见图 6-15(a)]在球心的正上方有极大值，随着距离 $|y|$ 的增大，$|E_x|$ 向两边逐渐减小，最后趋近于背景场 $|E_0|$；$|E_y|$ 分量[见图 6-15(b)]在球心的正上方也有极大值，向两边递减，左右两边存在小于背景场值的极小值，然后随着 $|y|$ 的增大又缓慢地向两边递增，并逐渐趋近 $|E_0|$。

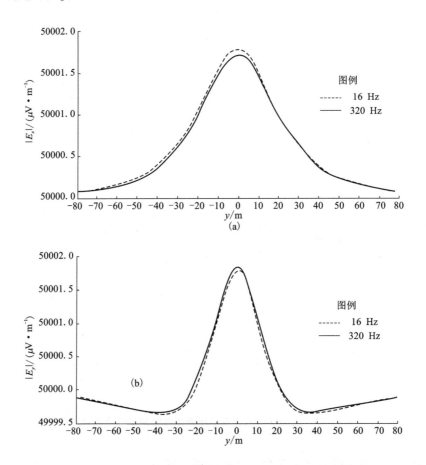

图 6-15　高阻球体的地表电场强度随频率的变化曲线图

总之，$|E_x|$ 随着频率的递增整体幅度约有下降，$|E_y|$ 随着频率的递增整体幅度约有增高，但 $|E_x|$、$|E_y|$ 下降或增高的幅度较小，图中 16 Hz、320 Hz 的成果曲线差别较小，即二者的分异性较差。

2. 电场强度随球心埋深 h_0 的变化

假定模拟计算成果图 6-13 中的模拟参数基本不变，仅改变球心埋深 h_0，h_0 取 25 m、50 m、100 m 分别进行计算，则低阻球体地表电场强度随球体埋深的变化如图 6 – 16 所示。

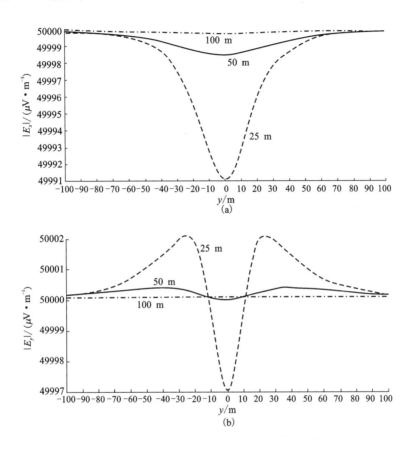

图 6 – 16　低阻球体的地表电场强度随球体埋深的变化曲线图

由图 6 – 16 可知，随着低阻球体埋藏深度的增大，异常幅度逐渐变小，曲线变得平缓；当球体埋深为 100 m 时，$|E_x|$、$|E_y|$ 的曲线形态近似为一条直线，只有查看其计算的数据结果，才能看出其细微差别。野外观测中，天然电场选频法的信号一般比较微弱，该方法不适合于深度大的目标体的勘探。若想提高勘探深度，主要在于能否提高仪器的观测精度，对现有设备进行改进，进一步压制噪声，增加微弱信号的检测和提取的功能。

3. 电场强度随球体半径 a 的变化

假定模型图 6 – 12 中球体的电阻率 $\rho_1 = 100\ \Omega \cdot m$，球心的埋深 $h_0 = 60\ m$；围岩的电阻率 $\rho_2 = 3000\ \Omega \cdot m$，围岩和球体均无磁性；同时，假定 x、y 两个方向均存在 $B_0 = 1 \times e^{i\omega t}T$ 的谐变磁场，以及 $E_0 = 50 \times 10^{-3} e^{i\omega t}V/m$ 的谐变电场；谐变场的

频率 f 取 150 Hz。当球体半径 a 分别取 0.5 m、1.5 m、2.5 m 时进行计算,则低阻球体地表电场强度随球体埋深的变化如图 6-17 所示。

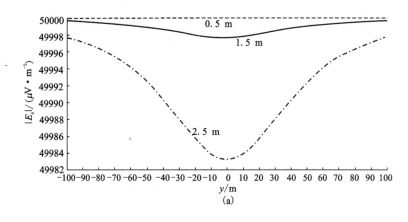

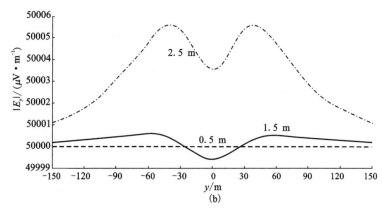

图 6-17　低阻球体的地表电场强度随球体半径的变化曲线图

由图 6-17 的模拟计算结果可知,低阻球体的半径 a 越大,异常的幅度越大,异常的水平宽度也越大。$|E_x|$ 分量曲线随着球体半径 a 的增大,极小值越来越明显;在 $a=0.5$ m 时,曲线近似为一条直线。$|E_y|$ 分量随着 a 的增大,曲线整体向上升;$a=0.5$ m 时,曲线也近似为直线。

4. 电场强度随球体电阻率 ρ_1 的变化

假定模型图 6-12 中球体的半径 $a=1$ m,球心的埋深 $h_0=60$ m;围岩的电阻率 $\rho_2=3000$ Ω·m,围岩和球体均无磁性;同时,假定 x、y 两个方向均存在 $B_0=1\times e^{i\omega t}$ T 的谐变磁场,以及 $E_0=50\times10^{-3}e^{i\omega t}$ V/m 的谐变电场;谐变场的频率 f 取 150 Hz。当球体电阻率 ρ_1 分别取 100 Ω·m、500 Ω·m、1000 Ω·m 时进行计算,

则低阻球体地表电场强度随球体埋深的变化曲线如图 6 – 18 所示。

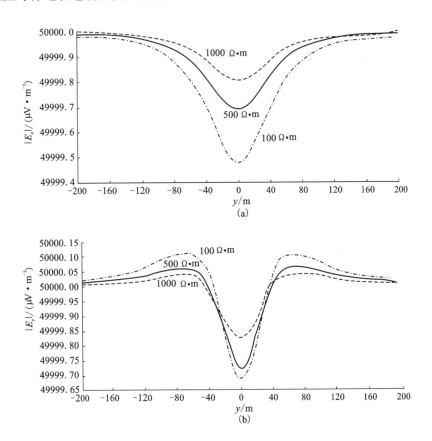

图 6 – 18　低阻球体的地表电场强度随球体电阻率的变化曲线图

　　由模拟结果曲线图 6 – 18 可知，$|E_x|$、$|E_y|$ 分量在球体和围岩的其他参数固定的情况下，这两个值的大小随球体电阻率的大小变化不是很大，这一点从纵坐标轴的数值变化就可以看出。$|E_x|$ 分量曲线随球体电阻率 ρ_1 的减小其异常幅度增大，极小值越来越明显，不同 ρ_1 的 $|E_x|$ 曲线没有交叉，只是在远离球体的位置都趋近于背景场。$|E_y|$ 分量曲线也是随着球体电阻率 ρ_1 的减小，异常整体幅度增大，极小值越来越小，两边的极大值也越来越大，不同 ρ_1 的 $|E_y|$ 曲线存在交叉现象。

　　通过对上述三维谐变电磁场作用下的导电导磁球体的分析可知，自然界中的地下导电导磁体没有受到垂直交变磁场分量的作用，而垂直交变电场分量的存在对地表水平电场分量的形成不产生任何影响。因此，就天然电场选频法而言，可以认为地下导电导磁体只受到天然交变的水平磁场分量、水平电场分量（含游散电流场）的共同作用，这与大家所公认的大地电磁法所受的一次场场源的分量方向是一样的；但两者在场源上的不同之处是，天然电场选频法的水平电场分量中存在交变的游散电流场，这增大了选频法的信号强度，使得其在浅层地球物理勘探方面效果更好。数值模拟结果也证明，在天然交变电磁场、谐变游散电流场等共同作用下的地下导电导磁体，在地表产生的水平电场分量的模拟结果与实测结果形态特征是相同的，这为选频法的实践应用提供了一定的理论基础。

第 7 章　天然电场选频法的
实践应用

　　天然电场选频法不需要人工场源，设备轻便、操作简单、工作效率高，成果反映直观。在山区等地形复杂地区，由于地形、地质情况变化大，或者是在城镇由于钢筋混凝土高楼林立，空中、地面及地下的工业电流和地下管道网干扰，使得常规电法勘探无法开展水文地质工程地质工作，或受到严重影响，资料不可靠。此时，天然电场选频法在某些情况下仍可应用。首先，其简单的设备装置适合在房屋建筑之间狭窄的空间展开工作；另外，由于电子技术的迅猛发展，目前选频法仪器的抗干扰能力较强，即使在城市车辆川流不息的马路上、电干扰较强的工作区，仍可以进行正常工作，弥补了某些地球物理方法受工业电流影响而无法工作的不足。

7.1　实践应用中的干扰因素

　　天然电场选频法作为一种电磁类方法，其应用中也有局限性的地方。下面结合它在实践应用中受到的几种主要的干扰因素进行分析，便于对实测结果进行准确解译。

1. 地形与地表覆盖层厚度的影响

　　2009 年，湖南省冷水江市波月洞风景名胜区管理所拟在波月洞公园内修建一个人工湖，选址位于公园半山腰附近的一段山沟地形；场地范围内是灰岩，岩溶裂隙发育，地表覆盖层较薄，少量基岩有露头。为预防人工湖建成后发生渗漏现象，作者采用天然电场选频法对浅部溶洞或岩溶塌陷区进行勘查，主要是探测第四系覆盖层以下灰岩中 5 m 厚度范围内的岩溶裂隙。

　　图 7 - 1 为波月洞人工湖场地内测线 6 的选频法探测成果，图中曲线旁边标注的数据表示观测的频率挡；测量极距 MN 为 20 m，点距为 1 m。该测线垂直于山沟的延伸方向，测线 17 m 附近大概为沟底中心，测线 20 ~ 40 m 为向上延伸的山坡。

　　由图 7 - 1 可见，选频法的测线垂直于山沟时，整个曲线形态类似于 U 字型，曲线形态与地形起伏同步；在山沟处 ΔV 较小，而在山沟两边 ΔV 逐渐增大。作者认为，这是由于沟底第四系覆盖层相对较厚、导电性较好，而两边山坡覆盖层较薄、导电性较差所致。

选频法探测中，地形的缓慢起伏并不影响对异常位置的判断，因为地球物理最关心的是相对异常。图7-1中，测线38~39 m处存在明显的相对低电位异常，后经钻探验证，该处是浅部灰岩中的岩溶塌陷所致。

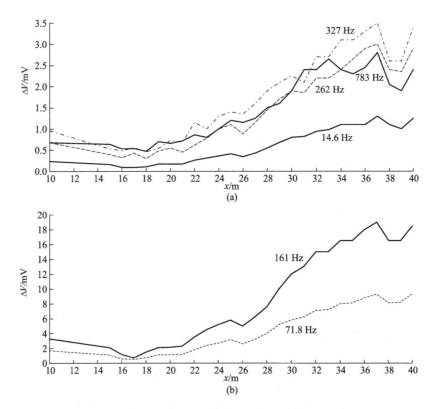

图7-1　波月洞人工湖测线6选频法探测成果曲线图

2. 高压线的影响

天然电场选频仪设有选频和滤波装置，滤波主要是针对特定的频率信号（如50 Hz、220V 的正弦式交变电流信号），但自然界的信号是非常丰富的，很多种频率的信号仍然可被仪器接收。特别是在高压线附近，实测信号 ΔV 值会增高数倍，甚至百倍，这主要取决于距离的远近和输电线电压的高低。

图7-2 为2007 年在广东省清远市狮子湖高尔夫开发区开展地热勘探时，选频法在4 号剖面上的部分探测结果；其中，测量极距 $MN = 20$ m，点距20 m；剖面650 m 处的上方有高压线通过，测线方向与高压线的延伸方向垂直。由图7-2 的探测结果可知，频率挡 14.6 Hz、161 Hz、262 Hz、327 Hz、783 Hz 在测点 640 m

和 660 m 处的测量结果都出现超过仪器量程（$\Delta V > 100$ mV）的高值现象
[图 7-2(a)]，频率挡 71.8 Hz 在测点 620 m、640 m、660 m、680 m 处也出现超
量程现象[图 7-2(b)]，这明显是高压线的影响所致。且影响的范围较宽，从曲
线图大致推断，高压线左右两边的影响范围大约各有 200 m。

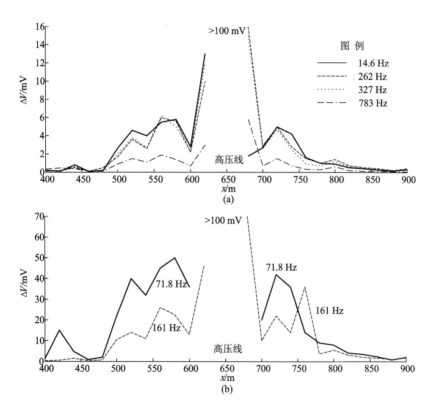

图 7-2 狮子湖高尔夫开发区 4 号剖面选频法探测成果曲线图

图 7-3 为 2009 年在江西铜业股份有限公司德兴银山西区布设的 II 测线天然
电场选频法探测成果曲线，该测线布设在侏罗系(J)上统鹅湖岭组(J_3e)的 J_3e^{3-3}
地层上，其上部为英安质角砾熔岩，下部为英安质凝灰熔岩。在该测线 134 m 的
山顶上有一高压线塔，选频法探测结果在该位置附近出现一个非常明显的高电位
异常，就是由高压线塔及高压线所致。

3. 农村水力发电房的影响

图 7-4 为 2013 年 12 月在湖南省郴州市资兴汤市地热勘探中布设的 11 测线
选频法探测结果，探测地点位于资兴市汤溪镇镇政府围墙外附近的稻田中。电极
距 MN 为 20 m，测线 50～120 m 的点距为 5 m，120 m 之后点距为 2 m；在测线起

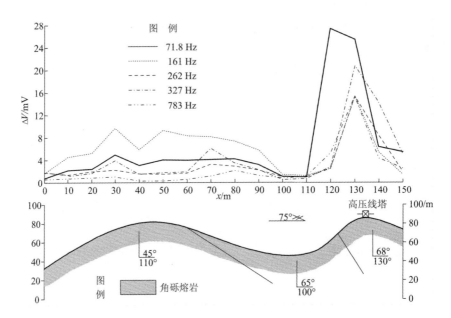

图 7-3　银山西区 II 测线选频法探测成果与地形地质剖面图

始端点 0 m 处有一微型水力发电站，发电站房屋大小约为 3 m×5 m。

由图 7-4 的成果曲线可知，在距离发电房 50 m 之内，电站内的变压器等设施对选频法测试结果影响非常大，现场仪器指针摆动剧烈，读数一般会出现超量程现象；作者在现场避开了此范围内的测量，从距离 50 m 处开始观测记录；随着离发电房距离的增大，观测结果整体趋势是逐渐递减。71.8 Hz 频率挡的观测结果总体上最强，在测线 50 m 处，观测读数为 40 mV。

这只是一个微型电站的影响，由此可以想象，当电站的规模增大时，影响肯定会急速增强。另外，输电线路中的三相交流电变压器的影响与这种小型电站是类似的。

4. 有线广播的影响

在农村广播线通过的地段，当有声广播正在工作时，实测值 ΔV 会忽大忽小，仪器指针来回摆动，变化又快，以致无法读数。如果要在这种地段开展工作，需等待广播停止工作后进行观测[7, 24, 32]。

此外，在有水泵的地方，需要停止其工作，并去掉其接地线才能消除其影响。实际工作中，一定要在工作地附近等电焊、电锯停工时开展测量，还要尽量避开雷达、地下缆线、无线基台等电器设备，避开雷雨爆发时段的观测工作；在岩土工程施工场地上，若探测地段是新施工的堆填土，或者是碎石、矿渣堆积的地方，测试结果也会受到一定的影响。

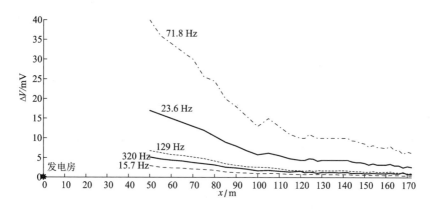

图 7 - 4　资兴汤市 11 测线选频法探测成果曲线图

7.2　选频法勘探中的动态信息

由前面第 5 章对天然电场选频法场源问题的探讨可知，天然交变电磁场是自然界各种电磁波场的矢量叠加，其场源在空间分布和时间上都具有不稳定性。当地下空间存在良导异常体时，一次场及由此产生的二次场的振幅大小都是随时间而变化的；因此，天然电场选频法在地表观测结果会表现出不稳定性，即出现"动态"响应[1]。

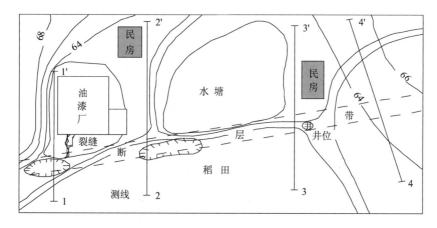

图 7 - 5　现场物探测线布置示意图

物探测线：1 - 1′，2 - 2′，3 - 3′，4 - 4′。

近二十多年来，作者在矿区水文地质调查、钻孔抽水与房地裂关系分析、水源勘测、矿山堵水工程等实践中，通过选频法的多次反复试验观测，发现这种"动态"现象是客观存在的[44,49,79]。

1. 选频法确定井位

某油漆厂为解决水源问题采用物探方法确定井位，根据区域水文地质调查和卫星照片分析，有一条断层从厂区附近通过。作者采用天然电场选频法、联合剖面法和电测深法开展综合探测，测线布置如图7-5所示。4条测线均开展了选频法观测，极距为20 m，点距10 m，对出现动态信息的测点加密点距(1~2 m)；其中测线3-3′和4-4′还进行了联合剖面法探测，确定异常带后对3-3′测线的低阻正交点做了对称四极电测深，由此估计含水层埋深。

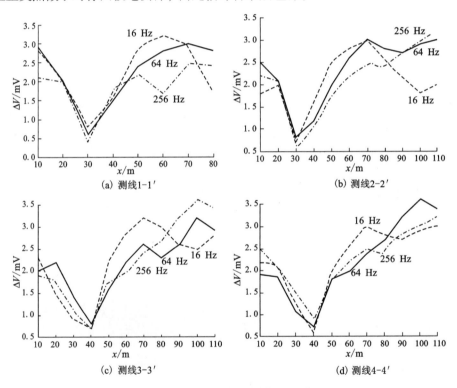

图7-6 油漆厂天然电场选频法探测成果

其中，选频法选用6个不同频率，即$f_0 = 16$ Hz、$f_1 = 32$ Hz、$f_2 = 64$ Hz、$f_3 = 128$ Hz、$f_4 = 256$ Hz、$f_5 = 512$ Hz，观测结果见图7-6所示；图中，只绘制出异常较明显、具有代表性的3种频率(即16 Hz、64 Hz和256 Hz)。由图7-6可知，测线1-1′和2-2′在其剖面30 m处出现明显的低电位，测线3-3′和4-4′在其剖面40 m处也存在明显的低电位，这都是地下水勘探中比较有利的位置。

同时,将不同测线各测点相同频率的观测结果绘制成等值线断面图、平面图等图件;通过对这些定性图件的综合分析,推断油漆厂附近存在一条明显的低阻异常带(见图 7-5)。在排除其他地下电缆等干扰因素之后,结合联合剖面法勘探成果,确定该异常带为含水断裂带;在测线 3-3′的 40 m 附近,离厂房约 200 m 左右的地方确定成井井位(见图 7-5)。

钻探验证结果:成井深度为 108.0 m,地下水位埋深 12.6 m;在地表以下 42.5 m 和 86.4 m 两处见溶洞,洞高分别为 0.4 m 和 0.3 m,且裂隙发育。

2. 抽水试验与动态信息观测

抽水试验表明,降深 4.65 m 时流量为 7.532 L/s,稳定时间 12 h,单位涌水量 1.620 L/(s·m)。但连续抽水 1 个月后,厂区附近相继出现两处明显的地表沉陷和房屋多处开裂,进一步说明该断层已切割了第四纪覆盖层,抽水诱发了它的活动性,造成了地表变形。

在进行抽水试验的过程中,在 4 条测线上再次对断层带进行选频法观测。观测过程中,详细记录指针摆动的点数、摆动次数、频率及幅度。

摆动点数即为一条测线出现指针摆动的测点个数。摆动次数为摆动点各频道观测时指针摆动的次数,因为观测频率不同,理论上反映的勘探深度是不相同的;某个测点指针出现摆动,有时并非各频道都摆动,由此也可判断不同深度的径流强度。摆动频率即某动态点对应某频道单位时间内指针摆动的次数,通常实际工作中不便直接观测摆动频率,而是记录指针来回摆动 5 次所需时间,重复观测 3~5 次,取其平均值的倒数作为摆动频率。摆动幅度即指针摆动时的最小值与最大值之间的范围。测线 1-1′和 4-4′抽水前后的动态信息统计如表 7-1 所示。

表 7-1　动态信息统计表

时间	测线	测点个数	总观测次数	摆动点数	各频道摆动次数						摆动幅度 /mV	平均摆动5次所需时间 /s	摆动频率/ (次·s^{-1})
					f_0	f_1	f_2	f_3	f_4	f_5			
抽水前	1—1′	6	36	1				1	1		0.12—0.25	50	0.1
	4—4′	8	48	1				1	1	1	0.10—0.27	52	0.096
抽水 6 h	1—1′	6	36	2				1	1	2	0.28—1.48	23	0.22
	4—4′	8	48	3		1	3	3	2	2	0.38—1.92	12	0.42

时间	测线	测点个数	总观测次数	摆动点数	各频道摆动次数						摆动幅度/mV	平均摆动5次所需时间 s	摆动频率/次·s⁻¹
					f_0	f_1	f_2	f_3	f_4	f_5			
抽水 24 h	1—1′	6	36	3			2	3	1	1	0.35—1.52	15	0.33
	4—4′	8	48	3		1	2	3	3	2	0.33—1.58	8	0.63
停泵 24 h	1—1′	6	36	3			1	3			0.32—1.36	17	0.29
	4—4′	8	48	2		1	2	2	2	1	0.34—1.48	10	0.5
停泵 72 h	1—1′	6	36	2			1	2	1		0.18—0.98	38	0.13
	4—4′	8	48	2		1	2	1	1		0.22—1.21	28	0.18

（1）空间响应

动态观测结果表明，4 - 4′测线比 1 - 1′测线动态响应更突出。说明离钻孔越近，动态信息越明显，仪器指针摆动次数多，幅度大、频率高。这是因为距离抽水井越近，地下水水力坡度越大，径流速度快，对电磁场的扰动也大，动态响应突出。从法拉第电磁感应定律也可知，水流速度越大，地下良导体所引起的感应二次场的强度也会增强；随着一次场的波动，二次场也会产生动态变化。

此外，低频电磁信号反映深部地质信息，高频反映浅部信息；而不同深度的裂隙发育程度不同，地下水流量、流速各异，使得不同频率挡的天然电场电位差曲线及动态特征也各不相同。表 7 - 1 中，f_0 在抽水前后没有动态响应，f_5 则在抽水 6h 后才有动态反映，f_2、f_3、f_4 仪器指针摆动较明显，说明该处中部比深部和浅部径流更强烈。可见，天然电场的动态信息在水平方向和深度方向均有较明显的空间响应。

（2）时间响应

表 7 - 1 还反映了抽水前后与抽水过程中天然电场动态响应的变化特征。抽水前径流带附近动态点数少，摆动幅度和频率小；随抽水时间延长动态响应增强，动态点数增加，摆动幅度和频率也相应增大；随停泵时间延长这种特性逐渐减弱。说明抽水前地下水"自然状态"下流动，对天然电场有一定的扰动，这种扰动随时间变化。作者曾对两个点（其中一个在抽水断层带上）进行过连续 2 周的天然电场选频法观测，时间间隔为 30 min，虽然未能很好地总结出时变规律，但

"天然电场随时间变化"是可以肯定的。抽水加剧了地下流体对天然电磁场的扰动，随着抽水时间和停泵时间的不同，这种扰动也将产生强弱程度不同的动态响应。

天然电场选频法勘探过程中的动态信息提取及响应特征的研究成果是作者多年来的实践经验总结，在地下水勘探中，该动态信息对于成井位置的确定具有很好的辅助作用。今后还需从理论上对该动态信息加以研究，确定其成因机理，以及动态变化规律。

7.3 地下热水资源勘探

地下水资源是干旱缺水地区人们赖以生存的自然资源之一。尽管我国幅员辽阔，水资源总量居世界第六位，但人均拥有量很低，只占世界人均占有量的25%。近年来，随着我国经济的飞速发展，对水资源的需求也明显增加；同时，随着人们生活水平的提高，围绕地热资源的旅游开发项目也显著增多，合理有效地开发和利用地下水资源是一个必然的趋势。

社会的发展和人们生活的需求为地下水的勘探提出了更高的要求，同时也为地球物理方法的应用提供了更广阔的舞台。地球物理方法具有简便、无损高效、成本低等特点，它能为地下水的勘探工作提供钻探井位，避免钻探工作的盲目性，减少钻探方法的成本。下面利用作者工作实例，介绍天然电场选频法在湖南浏阳某地温泉勘探中的应用效果[81]。

7.3.1 工作区概况

工作区位于湖南省浏阳市连云山福寿山脉的南侧山脚下，周围山高林密，悬崖陡峭，属风化剥蚀山区地貌，附近山峰海拔最高为 1480 m，工作区最低海拔标高为 235 m，相对高差约 1200 m。

测区属亚热带温湿气候区，春夏温暖多雨，秋冬寒冷干燥，昼夜温差较大，典型的山区气候特征。雨季多集中在 3~7 月，多年平均降雨量为 1600 mm 左右，水利资源相对充足，地表山泉常年不断。流量大小随季节变化而变化，并顺山势直流而下注入小溪，排泄于浏阳河中。

工作区地表为第四系全新统(Qh)粉质黏土：褐灰色，稍湿，可塑，含少量石英碎石，钻孔揭露厚度为 1.4 m(0~1.4 m)；其中 0~0.5 m 为种植土，含植物根系。

该区出露地层主要为冷家溪群(Ptln$_2$)土黄色千枚状板岩，烟灰色弱硅化绢云母粉砂质板岩和青灰色强硅化板岩，板状构造，板理清晰，局部裂隙节理发育，并有石英呈脉状充填。

结合后期钻孔资料，冷家溪群($Ptln_2$)的地层岩性分述如下：

②-1 强风化砂质板岩：褐黄、褐灰色，砂泥质结构，中-厚层状板状构造，节理裂隙发育，岩体破碎，无法取柱状岩芯，岩芯多以砂泥状从孔口返出，有少量碎石状岩芯，碎石芯主要为石英；钻进过程中局部有少量掉块，钻孔揭露厚度为 27.8 m(1.4 ~ 29.2 m)。

②-2 中-微风化砂质板岩：深灰色，砂泥质结构，中-厚层状板状构造，节理裂隙较发育，多为石英脉闭合充填，岩体一般较完整，岩芯呈长柱状，局部发育张裂隙，岩芯较破碎，张裂隙为主要含水构造与水通道。该层钻孔揭露厚度为 186.3 m(29.2 ~ 215.5 m)。

②-3 中-微风化绢云母砂质板岩：深灰色，砂泥质结构，中-厚层状片麻状构造，具轻微热变质，节理裂隙较发育，多为石英脉闭合充填，岩体一般较完整，岩芯呈长柱状，局部发育张裂隙，岩芯较破碎，张裂隙为主要含水层与水通道。该层钻孔揭露厚度为 34.6 m(215.5 ~ 250.1 m)。

该温泉外围西北约 3 km 及东侧约 10 km 左右地段，分别见有燕山早期黑云母花岗岩体和加里东期黑云母花岗岩体侵入；测区西南侧有闪长斑岩和花岗斑岩分布。

预测工作区及其附近有花岗岩，推测在 $n \times 100$ m ~ 1000 m 深度有花岗岩基存在，为地下深部热水温泉的形成，提供了主要热源条件。

工作区出露断层构造不明显，外围区域断裂构造相对发育，以北东向断裂为主。测区位于北东向的长(沙)平(江)断裂带的中段南侧，受区域大断裂影响，该区附近次一级断层及隐伏含水构造裂隙发育，且关系复杂，变化相对较大，大多为冷水断裂，只有个别发育深度相对较大的深部断裂才为热水导水断裂。因为在深部有冷水断裂和热水断裂交错发育，相互联通串贯，热水不断被冷水参合降温，并且热水量远小于冷水量，所以热水在地表出露温度较低。

虽然深部地质构造条件有利，但如果中间热水导水通道受限制及浅部冷水构造过度发育，会使地下热水降温，这对温泉的开采利用不利。

湖南省地矿局 402 队曾于 2007 年在该测区范围内开展过初步地质勘查工作，并布设物探直流电法剖面 5 条，电法采用了联合剖面法，测量点距为 20 m，并在小范围内开展了地质调查工作，最后完成 2 个钻孔的水文地质钻探勘察工作，最大孔深 91.5 m，但未钻到好的热水构造带。由于某些其他方面的原因，当初的整个勘察工作未全面完成，后期的工作计划未实施。

7.3.2　物探成果与分析

针对该测区的实际地形地貌和周围村民住房分别情况，本次物探工作主要采用三极激电测深法和天然电场选频法，旨在查明深部含水层位置。同时，对工作区周边区域约 20 km² 范围做较为详细的地质调研工作,其目的在于:①确定花岗岩体在空间上的分布规律与侵入接触带变化特征;②进一步查明区域地质构造延伸展布特征,进而确立地质构造骨架及其与深部岩浆岩体的相互关系;③配合物探成果,确定下一步钻探井位。

本次工作共敷设物探测线 6 条,每条测线端点的位置是按实际现场位置定点,再采用全站仪测量端点坐标,剖面线的具体敷设是根据 1:5000 地形图与地质罗盘定向、测绳量距定点的测量方法;其中测线 2 的位置见图 7 −7(a)所示。选频法测量极距 $MN = 20$ m,点距为 2 m;三极测深点距为 8 ~ 15 m 不等,仪器为重庆奔腾 WDJF −1 数字幅频激电仪。现场工作区有一条 220V 的照明线从测区中部穿过,所以测线布置时为减少干扰,测线方向与图 7 −7(b)中照明线延伸方向平行,其中测线 2 与照明线的水平距离约为 50 m 左右。

图 7 −8 为测线 2 上三极电测深拟断面图,其中图 7 −8(a)、图 7 −8(b)分别为视电阻率 ρ_s($\Omega \cdot$ m)和视极化率 η_s(%)拟断面图。由于现场工作区位于狭长的山沟中,两侧树木茂密,且周围分布很多民房,做三极激电测深时,电缆线的敷设受到一定的限制,因而探测深度有限。另外,由于地下地质体的体积效应和电法探测深度的有限性(探测目标体的最大垂向分辨能力,即对二度体而言深径比不超过 7:1),所以,三极激电测深难以达到预期的效果。拟断面图中,除了在该剖面 43 m 的下部存在相对高阻区、剖面 55 m 下部存在相对低极化现象外,在剖面中未发现很明显的低阻高极化异常体。因此,单从激电测深的结果很难布置钻探孔位。

(a)　　　　　　　　　　　(b)

图 7 −7　工作区现场图

图 7 −9 为测线 2 上天然电场选频法探测结果,为了便于区分各频率挡的异常,分别采用两个坐标系进行绘制,即图 7 −9(a)和图 7 −9(b)。根据图 7 −9 中的探测结果可知,由于 14.6 Hz 挡的实测信号十分微弱,电位值在每一测点上都

几乎接近零,所以图7-9中未绘制该挡的探测结果,该剖面上明显的相对低电位异常主要出现在该测线43 m、70 m和86 m附近。

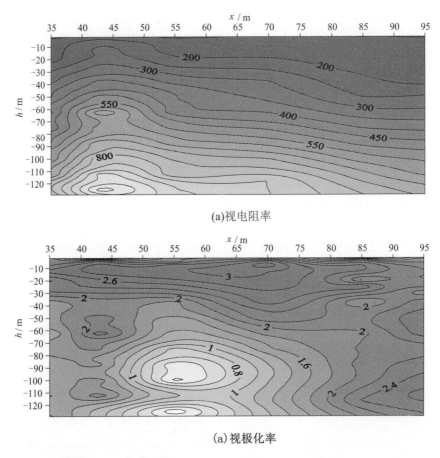

(a)视电阻率

(a)视极化率

图7-8　测线2的(a)视电阻率和(b)视极化率拟断面图

由于该测区范围内地表水十分丰富,而本次勘探的目的是寻找来源于深部的热水,测线43 m与70 m附近的异常主要出现在频率相对偏高的高频(即262 Hz 和327 Hz)段,而86 m附近的异常主要出现在71.8 Hz频率上,从而可以推断43 m和70 m附近含水异常体的埋深比86 m附近的要小,且测线43 m处本身就位于地表的山沟位置,推测该两处的异常可能主要是冷水所致,根据与电磁波穿透深度相关的深度反演经验公式,推测43 m和70 m两处的异常体埋深 <100 m。86 m附近的异常埋藏较深,推测异常体埋深在200 m左右,同时,根据262 Hz、327 Hz和783 Hz频率挡在该测线84 m处出现明显相对低电位异常的性质,推测

86 m 附近含水破碎带的产状是向剖面的大号方向倾斜的，且产状较陡，推测其倾角约为 87°。结合地质调查情况（地质上推测的 F_1 断层构造可能经过的区域）和其他剖面上的物探探测成果，最终在 86 m 位置布设勘查孔 ZK1。

7.3.3　钻孔验证情况

钻孔开孔口径 172 mm，钻入完整岩石 2 m 后，下入 168 mm 套管与泥球止水，有效隔断上部孔隙水及冷裂隙潜水。130 mm 口径钻进至孔深 100 m 以下再换 91 mm 口径钻进至终孔。

勘查孔 ZK1 终孔孔深为 250.1 m，揭露的地层情况为：深度 0～1.4 m 为第四系全新统（Qh）粉质黏土（其中 0～0.5 m 为种植土，含植物根系）；1.4～29.2 m 为强风化砂质板岩；29.2～215.5 m 为中－微风化砂质板岩；215.5～250.1 m 为中－微风化绢云母砂质板岩。同时，共揭露 8 处主要含水层。含水层 Ⅰ：70.1～73.8 m；含水层 Ⅱ：155.2～157.7 m；含水层 Ⅲ：176.3～179.0 m；含水层 Ⅳ：181.0～182.0 m；含水层 Ⅴ：194.0～195.0 m；含水层 Ⅵ：196.0～196.9 m；含水层 Ⅶ：213.5～214.5 m；含水层 Ⅷ：218.2～226.0 m。

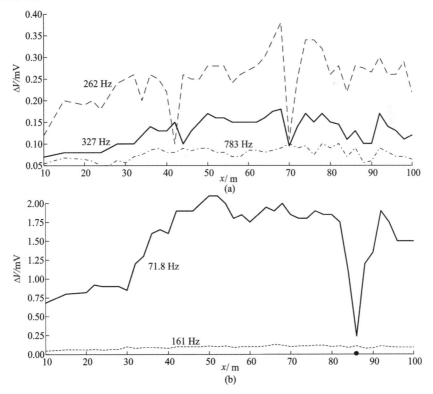

图 7－9　测线 2 的选频法探测成果

经过抽水试验可知：含水层 I 的水温为 26.5℃，水量约为 2000 t/d；对含水层 II、III、IV、V、VI、VII和VIII进行混合抽水，抽水稳定后达到 31℃，水中含 H_2S 气体；对含水层VII和VIII进行单独抽水试验，水温最终稳定为 45℃，水量约 800 t/d。由于工程之外的一些其他原因，ZK1 未继续往下钻进，预计在深部可能还存在含水裂隙，水温肯定也会继续升高。

从钻孔验证的情况来看，天然电场选频法的探测成果和反演结果是可靠的，其中，频率 71.8 Hz 在该处的异常可能是由VII、VIII两条含水破碎带所致。

7.4　煤矿水灾害勘查

安全生产中需要研究的核心内容之一是预测预报地质灾害。地球物理方法以其快速、全面、准确、省时、经济和无损的特点，在地质灾害勘查中发挥着越来越重要的作用[118-120]。我国是一个煤炭生产大国，而地下水是煤矿安全生产中主要的灾害因素之一，为减少灾害事故的发生，必须在煤矿开采区、开采巷道前方及其周边区域进行地下水的勘探，以便达到预测预报的目的，便于对开采工作面进行防治水工作、消除突水威胁、保障工作面安全合理开采。作者以四川省古叙煤田观文矿区开展的现场试验性探测和研究工作为例，说明天然电场选频法在煤矿地下水灾害勘探方面的应用效果[2,46,81]。

7.4.1　工作区概况

观文煤矿属四川省古叙煤田观沙煤业有限责任公司的一个新采区，该矿位于四川省古蔺县观文镇大土头和鸭坡水北侧斜坡上，区内地形地貌较复杂，地形切割较深，坡度较大，高程为 940～1020 m。矿区内有溶洞发育，且地表有泉水存在，局部植被发育。图 7-10 中，Y85 就为已知溶洞，其发育方位为 220°。

工作区内二叠系栖霞、茅口组的碳酸盐岩地层具岩溶地貌特征，常见悬崖绝壁、溶洞、溶沟、溶蚀洼地等，岩溶地貌发育齐全，暗河管道系统十分复杂；区内地表水系较为发育，沟谷纵横，平面上呈树枝状水网。从各地层岩性发育特征和本区工程地质勘探类型来看，工作区属第 III 类（层状岩类）龙潭组（P_3l）和第 IV 类（可溶盐岩类）茅口组以及第四系碎石土。前者主要以砂岩、粉砂岩、泥质粉砂岩、泥岩、砂质泥岩等碎屑岩为代表；中间主要代表有泥灰岩、石灰岩等碳酸盐岩类；后者则属于母岩的残坡积覆盖物，松散多孔，分布于矿区的大部分地区，局部为植被所覆盖。

在前期的勘察工作中，本矿区已开展过 500 m×500 m 网度的钻探工作，主要是调查矿区地下水的分布情况，钻探深度为 500～600 m。由于钻探成本高，而网度较稀疏，不能完全了解矿区地下水的分布情况，为进一步查明地下水在整个矿区的分布，由古叙煤田公司根据前期的钻探与地质情况，指定 4 处地质情况大致已知的工作地点,对地下暗河(溶洞)开展天然电场选频法试验性探测研究,且 4 处工作地点的水文地质情况对物探人员是保密的,物探人员只能根据地表地质情况和选频法实测成果来解译地下水文地质情况,以此验证该方法的有效性。

工作区位于马嘶背斜的 NW 翼,而 4 处具体的工作地点处于单斜构造之上,地表断裂构造不发育,没有明显的断层出露迹象,构造相对简单(见图 7 - 10)。

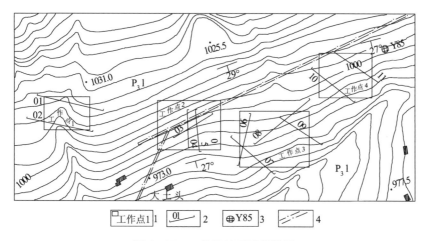

图 7 - 10   工作区地形地质简图

1—指定的物探工作点及编号;   **2**—物探测线及编号;
3—已知溶洞及编号;   **4**—设计的运输巷道

7.4.2   探测成果及分析

根据古叙煤田公司指定的 4 处工作点的具体地形及植被覆盖情况,现场共布置物探测线 11 条(见图 7 - 10),MN 电极距为 10 m,点距为 5 m,在异常位置进行 1 m 点距的加密复测,以便验证异常的可靠性和确定异常中心的准确位置。选用的仪器为自发研制的 MFE - 天然电场选频仪,该仪器共有 9 个挡位,频率依次为 15.7 Hz、23.6 Hz、71.8 Hz、129 Hz、213 Hz、320 Hz、640 Hz、980 Hz 和 1450 Hz。

图 7 - 11(a)、图 7 - 11(b)分别为 04 测线和 07 测线的天然电场选频法探测成果曲线图,各条曲线旁对应的频率值即为该频率挡在剖面上的探测结果。由于该区煤矿开采的深度一般在 80 m 以下,对近地表浅部的含水构造并不十分关心,而 980 Hz 和 1450 Hz 频率挡反映的勘探深度小于 80 m,在此就未将该两挡的探测结果绘出。

由于充水溶洞是低阻体,同时其相对介电常数 ε_r 为 81,而灰岩的相对介电常数为 7~9,可见充水溶洞的相对介电常数远大于围岩的相对介电常数,使得充水溶洞在交变电磁场作用下，游散电流、位移电流主要集中于溶洞范围内，而在其上方地表处电流密度减小，从而出现相对明显的低电位异常。从图 7 - 11(a) 和图 7 - 11(b) 可知，04 测线上 25 m 位置、07 测线的 50 m 位置都出现了明显的低电位特征，7 个频率挡的曲线都出现了同样的异常特征，说明异常可靠；另外，在异常位置附近进行测量时，仪器指针也明显出现摆动信息，即存在动态信息，这也是地下水存在的明显特征之一[49, 79]。综合含水构造在选频法成果中的以上两点特征，推测 04 测线 25 m 位置和 07 测线 50 m 位置的地下存在充水溶洞，根据电磁法勘探深度的经验公式，推测这两处异常位置岩溶的埋深在 150 m 左右。

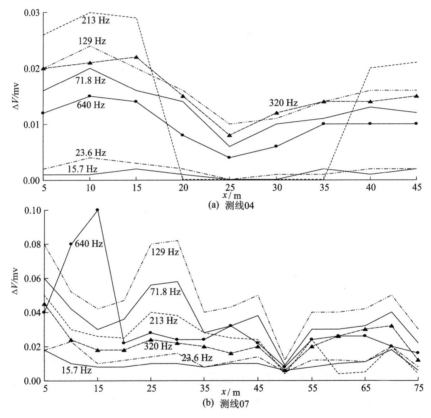

图 7 - 11 (a) 测线 04 与 (b) 测线 07 的选频法探测成果曲线图

另外，在 07 测线的 15 m 和 35 m 存在特征不太明显的低电位特性，且各个频率挡的测量结果并非完全同步变化，推测这两处位置的下部存在裂隙构造，并含少量的地下水。

根据每条测线的探测结果和异常分析成果，结合现场水文地质特征，推测出工作区地下充水溶洞的分布特征(见图 7 - 12)，整个工作区地下含水通道中水的流向为北东—南西向，图 7 – 12 中粗的单虚线即为本次天然电场选频法的解译成果。

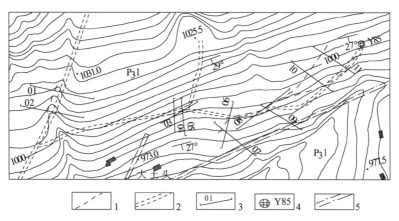

图 7 – 12　天然电场选频法解译成果图
1—选频法推测的含水通道；2—前期地勘推测的充水溶洞；3—物探测线及编号；
4—已知溶洞及编号；5—实际开挖的运输巷道

图 7 – 12 中，双虚线为前期 500 m × 500 m 钻探和地质工作推测的地下充水溶洞的分布，单虚线为选频法推测成果。从图 7 – 12 的成果图可知：①本次选频法实验结果推测的含水通道分布情况与前期地勘工作的推断成果基本吻合；②测线 01 和 02 确定的含水通道比地勘推测结果往西方向有少许偏移，但物探成果进一步确定了充水溶洞的具体位置；③根据矿区 +875 西运输大巷地质钻孔资料成果的验证可知，测线 04 的 25 m 处，埋深 120 m 存在充水溶洞，这证明了前面物探解释成果的准确性（见图 7 – 10）；(4) 大土头西面实际开挖的运输巷道未见到含水溶洞，可见已知溶洞 Y85 并非一直沿 220°方位延伸，这与测线 07、09 上的探测结果吻合。由此可见，天然电场选频法的探测成果是准确可信的。

7.5　选频测深法的应用

在前面的讨论和研究中，着重于对选频法水平剖面异常的分析和讨论，对于异常体埋藏深度的探测和反演问题未曾研究。在以往的实践应用中，一般采用天然电场选频法找出异常点水平位置，然后利用其他物探方法（如对称四极电测深）反演异常体的埋深[74, 79, 121]；或者是利用电磁波的趋肤深度 δ 乘以某个经验系数来估计异常体的埋深[32 – 33, 36, 122 – 123]。前一种方法使得现场工作量加大，在某些工程场地可能根本就无法开展常规的电法测深等物探工作；后一种深度反演方法所得到的异常体埋深的误差较大，实践应用效果很差。为此，广西二七三地质队的梁竞等人于 2013—2015 年在广西若干县开展了大量的天然电场选频法勘探找水和指导钻井工作，对无水孔（出水量 ≤ 1 m³/h）、有水但水量小的孔（1 m³/h < 出

水量 <5 m³/h)、浑水孔、成井孔(水质清澈且出水量 ≥5 m³/h)总共 131 眼井的选频法成果和钻井资料进行归纳总结,通过收集这些水井实测资料和综合分析,对天然电场选频法在岩溶地区的测深工作做了初步研究[22]。

天然电场选频法的剖面探测中确定异常点位开展选频法测深工作有许多成功的经验,工作装置见第 1 章中的图 1 - 2 所示。梁竞等人以天然电场选频法为基础,开展剖面测量和测深工作,成功实现了 82 眼井的找水定点工作(以出水量足、水质抽清为成井),并总结出来一些有关天然电场选频法在地下水勘探方面的经验性结论。

7.5.1 无水孔的测深曲线特征

与常规电法中对称四极电测深法相同,选频法的测深数据也采用双对数坐标成图。梁竞等人认为:当地下无地下水存在时,选频测深法的测深曲线为直线型、光滑曲线型,而且不同频率的测深曲线一般是互相平行的。

1. 直线型

图 7 - 13(a)为恭城县门楼村门楼屯 GC2 - 1 钻孔的选频测深曲线,坐标系采用双对数坐标,横坐标为测量电极距 MN 的大小,纵坐标为电位大小。三个频率(即25 Hz、67 Hz、170 Hz)的测深曲线比较光滑,近似平行;该处为灰岩,钻井时在 60 ~70 m、83 ~89 m 段遇到一点点裂隙,但基本无水,出水量 <1 m³/h。

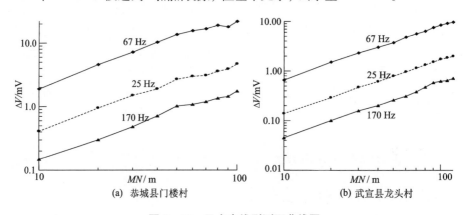

图 7 - 13　无水直线型测深曲线图

图 7 - 13(b)为武宣县龙头村追踪线状构造裂缝时所做的选频测深成果。三个频率的测深曲线近似平行,曲线形态特征与图 7 - 13(a)相似,由于根据前期其他地方钻孔成井效果,直线型一般对应的是无水点位,所以现场施工时该处未施钻。

2. 光滑曲线型

在巨厚的均质岩区,当 MN 较小时,测深曲线具有上面的直线型特征,但随着极距 MN 的继续增大,每个频率挡的测深曲线都为单调递增的光滑曲线,且存在较为明确的上限,总体形态近似于一条双曲线。如广西二七三地质队在平乐县平乐镇龙窝村龙窝小学 PL3 钻孔的测深曲线,在 100 m 深度之前,曲线形态近似一般的直线型,但在后来加大探测深度至 $MN = 150$ m 时,发现 100～150 m 的曲线就完全是有上限的光滑曲线形态;后来钻孔至 135 m 深度也未见地下水,只是在埋深 81.8～125 m 有较少量的出水(出水量 < 1 m³/h)。

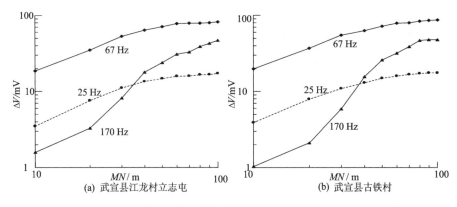

图 7 - 14　无水光滑型测深曲线图

图 7 - 14(a)为武宣县江龙村立志屯 WX49 - 1 钻孔处的测深曲线,工区岩性为灰岩,该曲线类型就是比较典型的光滑曲线型,该孔成井 100 m,最终直至终孔水量都很小,在深度 24.0～46.5 m 段有少量出水(出水量 < 5 m³/h)。图 7 - 14(b)为武宣县古铁村在纯碳酸盐岩区的测深曲线,曲线形态特征与图 7 - 14(a)基本上相似,该点未施钻。

3. 碳质岩区 W 折线型

图 7 - 15 为平乐县水源村新村屯 PL2 - 1 钻孔孔位上的测深成果曲线,曲线图形表现为比较有规律的 V 形低谷,称之为 W 折线型,这是在碳质岩区较常见的测深曲线类型之一。钻孔深度约 130 m,在深度 103.2～120.18 m 段有少量出水(出水量 < 5 m³/h)。文献[22]认为测深曲线出现 V 形低谷是碳质岩等低电阻率岩层与普通灰岩等高电阻率岩层呈互层的结果。

4. 碳质岩区直线中间有台阶状一字型

图 7 - 16 为平乐县水源村新村屯 PL2 - 2 钻孔孔位上的测深成果曲线,这也是在碳质区测得的另一种较常见的测深曲线形态,曲线中间出现台阶状一字型;如图 7 - 16 中,25 Hz 频率测深在 $MN = 40$ m、50 m 出现水平台阶,170 Hz 频率测深在 20 m、30 m 也出现台阶状。PL2 - 2 钻孔深度约 130 m,在深度 81.8～125 m 段有少量出水(出水量 < 5 m³/h)。

文献[22]的作者经过数十个钻孔的资料整理,认为测深曲线凡是在直线中间出现台阶状一字型时,钻孔一般都会遇到厚层碳质岩等低阻岩层。所以,均质巨厚的碳质岩等低阻岩层可能是导致这种理想化的台阶状一字形曲线的原因。

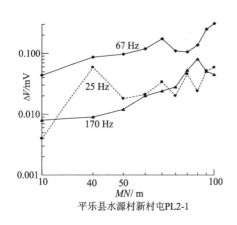

平乐县水源村新村屯PL2-1

图 7 – 15　无水 W 折线型测深曲线图

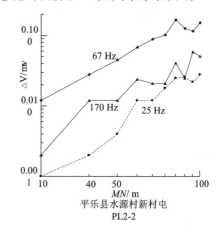

平乐县水源村新村屯
PL2-2

图 7 – 16　无水台阶状一字型测深曲线图

7.5.2　有水孔的测深曲线特征

　　技术人员在采用选频法寻找地下水的过程中，最关心的是钻孔有水时选频法测深曲线的形态特征，并由此推测含水层的埋藏深度。

　　图 7 – 17 为武宣县二塘乡水村平桐屯 WX14 – 2 钻孔处的选频法测深曲线，三个频率(25 Hz、67 Hz、170 Hz)的测深曲线具有同步起伏特征，在 MN = 30 m 和 60 m 处三个频率挡的曲线均出现 V 形低谷。该处钻井在 35.4 m ~ 56.1 m、70.0 m ~ 72.0 m 两段深度范围内存在灰岩裂隙，并存在地下水，最终成井后的静水位埋深为 0 m。由此可见，测深曲线出现 V 形低谷时 MN 的大小与钻井出水深度之比接近 1。

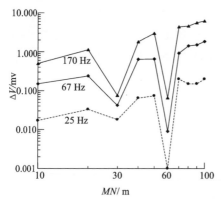

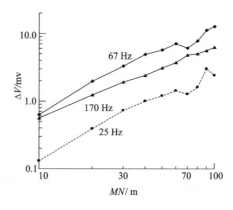

图 7 – 17　武宣县平桐屯 WX14 – 2 测深曲线图　　图 7 – 18　平乐县兴隆屯 PL – 7 测深曲线图

　　图 7 – 18 为平乐县桥亭乡桥亭村兴隆屯 PL – 7 钻孔处的选频法测深曲线,图中 25 Hz、67 Hz 两个频率挡的测深曲线在 $MN = 70$ m 处同时出现较明显的 V 形低谷,推测该极距反映的深度附近存在地下水。钻孔验证结果为:埋深 75.5 ~ 82.4 m 存在灰岩裂隙水(出水量 > 5 m³/h),最终成井后的静水位埋深为 1.4 m。可见,V 形异常极距 70 m 与钻井出水段中心位置 78.95 m 之比约为 0.89。

　　图 7 – 19 为恭城县栗木镇车田村周家屯 GC20 钻孔处的选频法测深曲线,三个频率的曲线同步,总体形态与图 7 – 17 近似,但各频率挡的相对大小不同,如图 7 – 19 中 67 Hz 的信号最强,170 Hz 的信号最弱,文献[22]认为这与测深点位地段是否存在较厚的卵砾石层等粗颗粒土有关。三个频率挡的曲线在 $MN = 50$ m、90 m 两处出现 V 形低谷,推测为含水层位置。水井成井的情况为:上覆 49 m 为黏土夹卵石,下伏为灰岩;49 m 处有地下水,且满足水量要求(出水量 > 5 m³/h);成井后的静水位埋深为 2 m。所以,MN 异常极距位置(50 m)与钻井出水深度位置(49 m)之比约为 1。

　　图 7 – 20 为武宣县三里乡旺村 WX48 – 1 钻孔处的选频法测深曲线,三个频率挡的测深曲线特征与图 7 – 18 相似;在 $MN = 60$ m 处,测深曲线均出现 V 形低电位。钻探结果为:48.2 ~ 68.2 m 灰岩存在含水裂隙,且 68 m 处有小溶洞,漏水严重;成井后的静水位埋深为 5.8 m,出水量 > 5 m³/h。所以,MN 异常极距位置(60 m)与钻井出水段中心深度位置(58.2 m)之比约为 1。

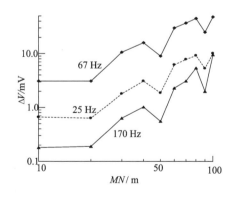

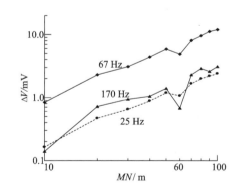

图 7 – 19　恭城县车田村 GC20 测深曲线图　　**图 7 – 20　武宣县旺村 WX48 – 1 测深曲线图**

　　图 7 – 21(a)为平乐县沙子镇协中村虾子岭屯 PL – 13 钻孔处的选频法测深曲线,图中 25 Hz、67 Hz 两个频率在 $MN = 90$ m 和 100 m 处同步低,但 170 Hz 曲线在该处有反向的高峰值。此处钻井结果为:出水位置在深度 83.6 ~ 100.0 m 范

围，岩性为灰岩；成井后的静水位埋深为 2 m，出水量 > 5 m³/h。因此，MN 局部极小异常极距位置(90 m)与钻井出水段中心深度位置(91.8 m)之比约为1。

图 7 - 21(b)为武宣县东乡邓寺村龙铺屯 WX23 - 1 钻孔处的选频法测深曲线，图中 25 Hz、67 Hz 两条测深曲线呈同步递增的似平行线，而 170 Hz 曲线在 25 Hz 测深曲线附近呈上下振荡型的缠绕形态。该处为灰岩地区，钻井结果为：33.4 ~ 33.9 m 为充水溶洞，33.9 ~ 44.1 m、75.5 ~ 87.0 m 岩芯破碎；成井后的静水位埋深为 18.3 m，出水量 > 5 m³/h。根据前面无水直线型曲线特征(见图 7 - 13)，如果 170 Hz 测深曲线和 25 Hz、67 Hz 曲线同步递增，则该位置无水；现在 170 Hz 测深曲线出现明显的多处异常，异常位置主要出现在 MN = 30 m、50 m、70 m 和 80 m 处；如果按 MN = 50 m 来判断它与钻出水位置的关系，则 MN 异常极距位置(50 m)与钻井出水段中心深度位置(58.2 m)之比约为 0.9。

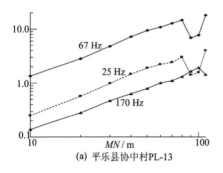 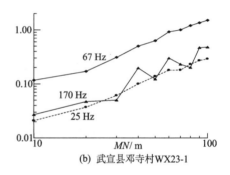

(a) 平乐县协中村PL-13   (b) 武宣县邓寺村WX23-1

图 7 - 21　浑水孔的测深曲线图

图 7 - 21(a)和 7 - 21(b)所示的两处虽然钻井成功，遇到了地下水，但水质很浑并且很难抽清，处理的经济成本太高。为此，地质工作者期望能在钻井之前就能预测浑水的位置，但作为选频法技术来看，主要依据的是地下介质的导电性；尽管文献[22]对图 7 - 21 中的曲线成因给出一定的解释，但作者认为此问题可能需要做进一步的深入研究。

根据梁竞等人于 2013—2015 年在广西武宣县、平乐县、恭城县、藤县、容县、覃塘区、港北区等地 131 个井孔的施工实践，依据钻井与选频法测深曲线的对应关系，认为测深曲线出现明显同步的 V 形低电位时，是存在地下水的有利现象。根据异常位置与出水深度的对比，天然电场选频法测深(井深≤150 m)极距 MN 大小与地下水埋深 h 的对应关系约为 1(MN/h ≈ 1)；这不仅是在灰岩的岩溶地区，而且在巨厚的纯碳质岩、泥质粉砂岩等岩性地区都有符合此规律的成井实例。

　　此外，梁竞等人还利用选频法测深曲线之间的相交关系，在判断井孔处覆盖层厚度、地下水位和岩性差异等引起测深曲线的变化特征等方面做了有益的尝试和探讨。这些成果都可为今后的实践工作提供借鉴，并且也值得我们在理论和实践方面进一步加强研究，促进天然电场选频法的研究和发展。

参考文献

［1］王齐仁.地下水开采引起的地表变形调查方法［J］.自然灾害学报，2007，16(3)：154-159.

［2］杨天春，申建平，黎光明，等.天然电场选频法在充水岩溶勘查中的试验与分析［J］.煤田地质与勘探，2014，42(2)：71-75.

［3］魏遂亭.天然电场选频法在城市找水定井中的应用［J］.中州煤炭，2010，31(5)：92-93.

［4］Kantas K. Development in the newest geophysical research method: the Telluric［J］. Chinese Journal of Geophysics，1956，5(2)：93-119.

［5］曾融生.大地电流勘探方法［J］.地球物理勘探，1957，6(2)：1-6.

［6］Johnston M J S. Review of magnetic and electric field effects near active faults and volcanoes in the U. S. A.［J］. Physics of the Earth & Planetary Interiors，1989，57(1)：47-63.

［7］杨杰.游散电流法在岩溶地区的试验成果及理论研究［J］.物探与化探，1982，4(1)：41-54.

［8］信永水.声频大地电场法异常特征初探［J］.石家庄经济学院学报，1982，5(4)：44-53.

［9］林君琴，雷长声，董启山.天然低频电场法［J］.长春地质学院学报，1983，13(2)：114-126.

［10］韩荣波，吴木林.天然电场选频法在工程地质中的应用［J］.工程勘察，1985，13(3)：76-79.

［11］李学军.地电选频法在水文地质工程地质工作中的应用与效果［J］.中国岩溶，1991，10(3)：220-224.

［12］连克，朱汝烈，郭建强.音频大地电场法在地质灾害调查中的应用尝试——长江三峡链子崖危岩体隐伏地质构造的探测［J］.中国地质灾害与防治学报，1991，2(增刊)：37-41.

［13］罗洪发.煤矿古巷灾害及用天然交变电场法探测预防［J］.中国地质灾害与防治学报，1994，5(增刊)：277-284.

［14］Oded Yaakobi，Gregory Zilman，Touvia Miloh. The electromagnetic field induced by a submerged body moving in stratified sea［J］. IEEE Journal of Oceanic Engineering，1994，19：193-199.

［15］周华，黄采伦，周益文.地下磁流体探测方法及其应用［J］.矿业工程研究，2009，24(2)：42-45.

［16］Mark E. Everett. Theoretical developments in electromagnetic induction geophysics with selected applications in the near surface[J]. Surveys in Geophysics, 2012, 33(1): 29 – 63.

[17] 汤井田, 刘子杰, 刘峰屹, 等. 音频大地电磁法强干扰压制试验研究[J]. 地球物理学报, 2015, 58(12): 4636 – 4647.

[18] 底青云, 许诚, 付长民, 等. 地面电磁探测(SEP)系统对比试验——内蒙曹四夭钼矿[J]. 地球物理学报, 2015, 58(8): 2654 – 2663.

[19] Zhiguo An, Qingyun Di, Faquan Wu, Guangjie Wang, Ruo Wang. Geophysical exploration for a long deep tunnel to divert water from the Yangtze to the Yellow River, China[J]. Bulletin of Engineering Geology and the Environment, 2012, 71(1): 195 – 200.

[20] 程辉, 白宜诚. 天然音频电场选频仪设计与应用[J]. 地球物理学进展, 2014, 29(6): 2874 – 2879.

[21] 张瑜麟. 天然电场选频法在工程地质勘察快速评价中的应用[J]. 地质与勘探, 2003, 39(3): 67 – 71.

[22] 梁竞, 韦启锋, 洪卷, 等. 自然电场法在岩溶地区找水打井中的应用[J]. 工程勘察, 2016, 44(2): 68 – 78.

[23] 信永水. 综合物探方法勘察瀑河水库渗漏通道[J]. 石家庄经济学院学报, 1982, 5(增1): 126 – 148.

[24] 张钦朋. 声频大地电场法找水[J]. 工程勘察, 1983, 11(2): 53 – 56.

[25] 乔夫. 声频大地电场法探测岩溶水的效果[J]. 煤田地质与勘探, 1983, 11(5): 42 – 45.

[26] 邓培元. 用综合物探法探测基岩裂隙水的体会[J]. 工程勘察, 1983, 11(4): 55 – 56.

[27] Singh S B, Ashok Babu G, Veeraiah B, Pandey O P. Thinning of granitic – gneissic crust below uplifting Hyderabad granitic region of the eastern Dharwar craton (south Indian Shield): evidence from AMT/CSAMT experiment[J]. Journal Geological society of India, 2009, 74(6): 697 – 702.

[28] 刘国辉. 声频大地电场法中的两种资料处理方法[J]. 河北地质学院学报, 1985, 8(1): 64 – 70.

[29] 徐润, 李汉祥, 于益民. 鲁中石灰岩地区应用综合物探提高成井率的探讨[J]. 工程勘察, 1986, 14(5): 51 – 53.

[30] 王殿广. 声频大地电场的同态差比观测法[J]. 工程勘察, 1986, 14(5): 54 – 56, 60.

[31] 李森林. 对声频大地找水法一点改进[J]. 地下水, 1988, 5(2): 102 – 103.

[32] 陈树华. 天然电场选频法在找水中的应用[J]. 工程勘察, 1988, 16(2): 53 – 55.

[33] 找水课题组. 平顶山矿务局七矿用天然电场选频法寻找地下富水区及导水通道的研究[J]. 矿井地质, 1990, (2): 67 – 74.

[34] 李明辉. 天然电场选频法推广应用及效果[J]. 湖南地质, 1991, 10(1): 84 – 88.

[35] 刘惠生, 唐大荣, 吴庆曾, 等. 非常规综合物探技术在长江三峡链子崖危岩体勘查中的应

用效果[J].中国地质灾害与防治学报,1991,2(3):75-84.

[36] 崔武军.天然电场选频法在凤凰山铁矿矿床含水层边界条件研究中的应用[J].勘察科学技术,1992,10(2):57-59.

[37] 陈要志.天然电场选频法在湘中地区工程中的应用[J].工程勘察,1994,22(2):67-68,14.

[38] 罗洪发,陈德行,王培盛.天然交变电场法在探测古巷中应注意的若干问题[J].同煤科技,1997,19(4):3-6.

[39] 王绪本,于汇津,罗建群,等.综合物探方法勘查福建贵安地热田[J].成都理工学院学报,1997,24(3):101-107.

[40] Antsiferov A V, Sheremet E M, Nikolaev Yu I Nikolaev I Yu, Setaya L D, Antsiferov V A, Omelchenko AI A. Deep electromagnetic (MT and AMT) sounding of the suture zones of the Ukrainian shield[J]. Izvestiya, Physics of the Solid Earth, 2011, 47(1):33-44.

[41] 毛志国.利用综合物探方法解决矿井地质问题[J].河北煤炭,1999,22(1):13-15.

[42] 王培盛,梁玉文.天然交变电场法在王村矿测试采空区积水的应用[J].矿业安全与环保,2002,29(增):105-107.

[43] 张瑜麟.天然电场选频法在地质灾害快速评价中的应用[J].河南地质情报,2002,20(2):26-32.

[44] 杨荣丰,张可能,徐卓荣,等.天然电场选频法的动态信息在注浆堵水工程中的应用研究[J].工程勘察,2003,31(2):66-69.

[45] 杨荣丰,张可能,徐卓荣,等.多种物探方法在湘潭城区活断层勘探中的应用[J].工程地质学报,2006,14(6):847-851.

[46] 匡士龙,杨冲,曹运江,杨天春,王齐仁等.观文矿区地下暗河中天然电场选频法的探测研究[J].湖南科技大学学报(自然科学版),2011,26(3):17-21.

[47] 应成明,杨荣丰,何惠军.天然电场选频法在寻找地下水资源中的应用[J].西部探矿工程,2011,23(5):175-176.

[48] 杨荣丰.地下径流通道的形成、特征及其探测技术研究[D].中南大学博士学位论文,2006.

[49] 王齐仁.天然交变电场动态特征研究[J].煤田地质与勘探,2001,29(2):52-55.

[50] 杨荣丰,张可能,徐卓荣,等.利用天然电场选频法的动、静态信息确定地下径流通道[J].煤炭科学技术,2003,31(4):25-27.

[51] 林家辉,李水明.直流电法在郧县曲酒厂地下水勘查中的应用效果[J].铀矿地质,2002,18(5):313-317.

[52] 魏家聚.应用电法勘探技术勘查小窑采空区的初步尝试[J].中州煤炭,2002,23(2):19-20.

[53] 孙金龙.天然电场选频法在勘察地下水中的应用[J].地下水,2002,24(3):181～182.

[54] 原裕秀,杨乐桃.天然交变电场法探测古空在水峪矿的应用[J].山西煤炭,2003,23(1):44－45.

[55] 郭元欣.电法勘探在煤矿采空区范围探测中的应用[J].中洲煤炭,2003,24(6):21－22.

[56] 张明锋,张水根,叶海燕.天然电场选频法在地下水资源探测中的应用[J].江西煤炭科技,2003,24(1):24－25.

[57] 杨昌武.天然电场选频法在水文地质和工程地质中的应用[J].西部探矿工程,2004,16(5):86－88.

[58] 何美仙.天然电场选频法在水文地质和工程地质中的应用[J].云南煤炭,2005,(4):21－24.

[59] 李国忠,孙金龙.天然电场选频法动态信息在堵水工程中的应用[J].水利电力机械,2006,28(9):77－79.

[60] 曹英武.天然电场选频法在找水中的应用[J].国土资源导刊,2006,3(3):142－143.

[61] 张剑,黄采伦,王靖,等.地下磁流体探测系统及其在矿区水害防治中的应用[J].仪器仪表学报,2009,30(6增刊):807－810.

[62] 张剑,李坤,黄采伦,等.地下磁流体探测系统及其应用[J].计算技术与自动化,2010,29(2):119－122,136.

[63] Oded Yaakobi, Gregory Zilman, Touvia Miloh. The electromagnetic field induced by a submerged body moving in stratified sea[A]. Proceedings of 20 th International Workshop on Water Waves and Floating Bodies[C], 2005:269－272.

[64] 陈朝玉,黄文辉,陈国勇.模拟地下磁流体探测原理及其应用研究[J].湖南科技大学学报(自然科学版),2011,26(1):9－14.

[65] 李双虎,展锋,苏永锋.天然电场选频法在煤矿采空区的应用[A].河南地球科学通报2009年卷(下册)[C],2009:505－508.

[66] 陆学村,余娟,程陈.综合地球物理勘探在古台水库大坝渗漏探测中的应用[J].采矿技术,2009,9(1):83－85.

[67] 李国占,王璇.综合物探在花岗岩地区找水应用效果[J].勘察科学技术,2009,27(4):55－57.

[68] 祁福利,李永利,张峰龙,柏钰春.音频大地电场法在贵州山区找水中的应用[J].黑龙江水利科技,2012,40(3):55－57.

[69] 库尔班·艾克木,阿斯古丽·吐尼亚孜.小型水库堤坝防渗漏监测研究[J].黑龙江水利科技,2015,43(1):139－140.

[70] 马春杰.基于地下磁流体探测的堤坝渗漏监测研究[J].水利科技与经济,2015,21(8):107－109.

[71] 蔡力挺, 韩玉庆. 天然电场选频法在工程物探中的应用效果[J]. 西部探矿工程, 2009, 21(4): 151 – 153.

[72] 车志强, 朱登杰, 刘小飞, 等. 超低频地质遥感法在铁矿采空区探测中的应用研究[J]. 中国矿业, 2010, 19(6): 95 – 97.

[73] 李松营. 矿井综合物探技术在封堵特大型突水中的应用[J]. 煤炭科学技术, 2011, 39(11): 23 – 26.

[74] 王桂, 王国顺, 张越. 隐伏灰岩区定井方法探讨[J]. 地下水, 2013, 35(2): 64 – 66.

[75] 杨荣丰, 应成明, 陈七五, 等. 天然电场选频法在武山铜矿断层导水性评价中的应用[J]. 地质灾害与环境保护, 2013, 24(4): 87 – 94.

[76] 李凤哲, 朱庆俊, 孙银行. 西南岩溶山区物探找水效果[J]. 物探与化探, 2013, 37(4): 591 – 595.

[77] 张月. 综合物探在湘南岩溶区找水勘查中的应用[J]. 资源与产业, 2014, 16(4): 72 – 76.

[78] 李振刚, 班长祥, 刘伟, 等. 找水新技术在干旱缺水区的应用研究[J]. 现代农业, 2015, 41(3): 109 – 112.

[79] 王连元. 断层裂隙水的天然电场动态响应特征[J]. 煤田地质与勘探, 2012, 40(1): 76 – 78.

[80] 刘建玉, 姚腾飞. 洞口县桐山乡黄湾地热水钻孔成功[EB/OL]. http://www.hnskcy.com/shownews.asp? id = 782 & BigClass = . 2011 – 1 – 14.

[81] 张启, 杨天春, 王齐仁, 等. 物探方法在地下热水勘探中的应用[J]. 地下水, 2015, 37(4): 116 – 118.

[82] 张启, 杨天春, 许德根, 等. 天然电场选频法在煤矿水文地质调查中的应用[J]. 矿业工程研究, 2015, 30(4): 39 – 42.

[83] 赵亚杰, 葛洪亮, 杨天春, 等. 选频法在南阳煤矿老窑水勘探中的应用[J]. 地下水, 2013, 35(1): 72 – 74.

[84] 杨天春, 王士党, 夏祥青. 天然电场选频法在地下水勘探中的应用效果[A]. 中国地球物理学会. 中国地球物理学会年刊2011[C]. 合肥: 中国科学技术大学出版社, 2011. 10: 784.

[85] 李好, 杨天春, 王齐仁. 天然电场选频法在地下水勘探工程中的应用[J]. 西部探矿工程, 2009, 21(10): 114 – 116.

[86] 李高翔, 杨天春. 天然电场选频法在灰岩区找水中的应用[J]. 西部探矿工程, 2007, 19(9): 123 – 125.

[87] 王士党, 杨天春, 夏祥青. 天然电场选频法在溶洞勘查中的应用[J]. 勘察科学技术, 2011, 29(6): 52 – 55.

[88] 杨天春, 张辉. 利用天然电场选频法研究断层接触带[J]. 湖南科技大学学报(自然科学版), 2013, 28(4): 32 – 37.

[89]杨天春,张辉.岩溶体的天然电场选频法异常成因研究[J].水文地质工程地质,2013,40
(5):22-28.

[90]中南矿冶学院物探教研室编.金属矿电法勘探[M].北京:冶金工业出版社,1980.

[91]刘国兴.电法勘探原理与方法[M].北京:地质出版社,2011.

[92]何继善.海洋电磁法原理[M].北京:高等教育出版社,2012.

[93]石应俊,刘国栋,吴广,等.大地电磁法测深教程[M].北京:地震出版社,1985.

[93]程志平.电法勘探教程[M].北京:冶金工业出版社,2007.

[94]米萨克,纳比吉安.勘查地球物理电磁法:(第一卷)理论[M].赵经祥,王艳君,译.北京:
地质出版社,1992.

[95]刘国栋,陈乐寿.大地电磁测深研究[M].北京:地震出版社,1984.

[96]Maxwell E. L. Atmospheric noise from 20 Hz to 30 kHz[J]. Radio Science, 1967, 2(6): 637
-644.

[97]石应骏,刘国栋,吴广耀,等.大地电磁测深法教程[M].北京:地震出版社,1985.

[98]姚伟.云南省兰坪县连城箐铜矿区高频大地电磁法(EH4)异常推断解释研究[D],昆明理
工大学硕士学位论文,2011.

[99]陈乐寿,王光锷.大地电磁测深法[M].北京:地质出版社,1990.

[100]张辉,杨天春,葛洪亮.天然电磁场日变规律试验观测[J].四川理工学院学报(自然科学
版),2013,26(1):38-42.

[101]焦彦杰,吴文贤,杨剑,等.云南岩溶石山区物探找水方法与实例分析[J].中国地质,
2011,38(3):770-778.

[102]朱仁学.大地电磁测深讲义[DB/OL]. http://www.docin.com/p-403920772.html
(2012/5/17).

[103]汤井田,任政勇,化希瑞.地球物理学中的电磁场正演与反演[J].地球物理学进展,
2007,22(4):1181-1194.

[104]张继锋,汤井田,王烨,等.有限元模拟中边界条件对计算结果的影响[J].地球物理学紧
张,2009,24(5):1905-1911.

[105]张辉.天然电场选频法探测机理与应用研究[D].湖南科技大学硕士学位论文,2014.

[106]李俊杰,严家斌.大地电磁二维正演的有限元-径向基点插值法[J].中国有色金属学
报,2015,25(5):1314-1324.

[107]刘云,王绪本.大地电磁二维自适应地形有限元正演模拟[J].地震地质,2010,32(3):
382-391.

[108]杨天春,王燕龙,冯建新,等.隐伏构造的MT二维联合正演与分析[J].新疆石油地质,
2013,34(6):697-701.

[109]冯建新.隐伏地质构造的大地电磁数值模拟与分析[D].湖南科技大学硕士学位论

文, 2012.

[110] 徐世浙. 地球物理中的有限单元法[M]. 北京: 科学出版社, 1994.

[111] 徐世浙, 赵生凯. 二维各向异性地电剖面大地电磁场的有限元解法[J]. 地震学报, 1985, 7(1): 80 - 90.

[112] 王燕龙. 多重网格方法的大地电磁正演模拟与分析[D]. 中南大学硕士学位论文, 2011.

[113] 张秋光. 场论(上册)[M]. 北京: 地质出版社, 1983.

[114] 任怀宗, 师先进. 特殊函数及其应用[M]. 长沙: 中南工业大学出版社, 1986.

[115] Ward S H. 地球物理用电磁理论[M]. 新疆工学院电磁法科研组译. 北京: 地质出版社, 1978.

[116] 史保连. 甚低频电磁法[M]. 北京: 地质出版社, 1986.

[117] 杨天春, 张启, 王齐仁, 等. 天然电磁场激励下球体的天然电场选频法异常成因分析[J]. 湖南科技大学学报(自然科学版), 2016, 31(2): 58 - 65.

[118] Chaoqiang Xu, Stephen D. Butt. Evaluation of MASW techniques to image steeply dipping cavities in laterally inhomogeneous terrain[J]. Journal of Applied Geophysics, 2006, 59(2): 106 - 116.

[119] 杨天春, 周勇, 李好, 等. 应用物探方法探测高速公路路基岩溶[J]. 工程勘察, 2010, 38(4): 80 - 82.

[120] Lin J, Lin T T, Ji Y, et al. Non - invasive characterization of water - bearing strata using a combined geophysical surveys[J]. Journal of Applied Geophysics, 2013, 91(4): 49 - 65.

[121] 刘凤忠. 综合物探在抗旱找水打井中的应用[J]. 河南水利与南水北调, 2013, 9(24): 40 - 41.

[122] Telford W M, Geldart L P, Sheriff R E. 陈石等译. 应用地球物理(第二版)[M]. 北京: 科学出版社, 2011, 334 - 342.

[123] 中国地质调查局. 水文地质手册[M]. 北京: 地质出版社, 2013, 350 - 357.

图书在版编目(CIP)数据

天然电场选频法理论研究与应用/杨天春，夏代林，王齐仁，
付国红著. 一长沙：中南大学出版社，2017.3
ISBN 978 - 7 - 5487 - 2756 - 9

Ⅰ.①天... Ⅱ.①杨...②夏...③王...④付... Ⅲ.①自然电场
法 - 选频 - 研究 Ⅳ.①P631.3

中国版本图书馆 CIP 数据核字(2017)第 065183 号

天然电场选频法理论研究与应用
TIANRAN DIANCHANG XUANPINFA LILUN YANJIU YU YINGYONG

杨天春　夏代林　王齐仁　付国红　著

□**责任编辑**	刘石年　胡业民	
□**责任印制**	易红卫	
□**出版发行**	中南大学出版社	
	社址：长沙市麓山南路	邮编：410083
	发行科电话：0731 - 88876770	传真：0731 - 88710482
□**印　　装**	长沙鸿和印务有限公司	

□**开　　本**	720×1000　1/16　□印张 10.5　□字数 207 千字　□插页	
□**版　　次**	2017 年 3 月第 1 版　□印次　2017 年 3 月第 1 次印刷	
□**书　　号**	ISBN 978 - 7 - 5487 - 2756 - 9	
□**定　　价**	36.00 元	